U0123715

我不过被动的人生

李国翠——

著

台海出版社

图书在版编目（CIP）数据

我不过被动的人生 / 李国翠著. — 北京：台海出
版社, 2022.6
ISBN 978-7-5168-3296-7

Ⅰ.①我… Ⅱ.①李… Ⅲ.①成功心理—通俗读物
Ⅳ.①B848.4-49

中国版本图书馆CIP数据核字（2022）第067607号

我不过被动的人生

著　　者：李国翠	
出 版 人：蔡　旭	封面设计：FANIN
责任编辑：曹任云	

出版发行：台海出版社

地　　址：北京市东城区景山东街20号　　邮政编码：100009

电　　话：010-64041652（发行，邮购）

传　　真：010-84045799（总编室）

网　　址：www.taimeng.org.cn/thcbs/default.htm

E - m a i l：thcbs@126.com

经　　销：全国各地新华书店

印　　刷：天津光之彩印刷有限公司

本书如有破损、缺页、装订错误，请与本社联系调换

开　　本：880毫米×1230毫米　　1/32	
字　　数：132千字	印　　张：6.75
版　　次：2022 年 6 月第 1 版	印　　次：2022 年 6 月第 1 次印刷
书　　号：ISBN 978-7-5168-3296-7	
定　　价：49.80元	

目录

第三章　掌握人生主动权，大胆拒绝他人的"游戏"

第四章　回归自己的内心，而不是总"喜欢"被"审视"

第一章

敢做自己，走出被动的人生

为什么你不敢有主见

有一次，在电视节目上看到一名 25 岁的研究生写的一封信。信的大致意思是说母亲对自己管教得太严，读研时被要求每天晚上 11 点之前必须回家；衣服都要由妈妈来购买；和朋友出去吃饭花销不可超过 50 元钱……他觉得自己已经 25 岁了，可是感觉好像还没有成年。

观众们都建议他搬出去独立生活，他却说怕妈妈伤心。

最后节目主持人犀利直言：孩子被管教得太严，会导致情感需求被压抑，时间长了，整个人可能就废了，很难独立生活。

应该怎么做，才是好的

我有个同事也是这个样子，和她接触久了你就会发现，她经常挂在嘴边的一句话就是"我怎么做才好"。

生活中的很多事情，她都无法自己去做判断。小到今天穿什么衣服去上班、有事要不要跟领导请假，大到要不要考研、要不要选择出国深造，甚至要不要和男友分手这种情感问题都无法自己下决定……

她总会不停地问别人："这样做可以吗？""我这么做好吗？""我该这么做吗？"……

在她眼中，这个世界仿佛存在一套行为标准，可以精准地判断这么做是好的，那么做是不好的；这么做是对的，那么做是错的。为此，她满世界寻找一个"模子"，来指导自己。

于是，她总会轻易相信网上看到的各种"知识"。例如职场一定是残酷无情的，朋友之间也不能完全信任，女人过了35岁就不值钱了……

她也努力配合这些"模子"，不停地改变自己：不敢信任同事和朋友；过于追求外表的美丽；积极寻找对象，生怕自己30多岁嫁不出去……

但她依旧感到焦虑和迷茫：到底要把自己改变成什么样才算完美？怎样度过自己的一生才是最合乎标准的？

她还是没有拼凑出一个完整的"模子"。甚至当她看到网上的"知识"有争议、周围人的意见有分歧时，她会更加迷茫。

被否定的孩子长大后缺少主见

像我同事这样的人不在少数。我们往深处探索，就会发现他们都缺乏一种常常被忽略的能力——确定感。他们好像对自己、他人和世界都没有判断力和确定感，不敢判断和确定如何做才是正确的。

常常被否定、被支配的孩子，长大后都会缺少一定的主见。

在日常的生活交往中，我发现同事对很多事情所得出的结论永远都是来自外界。她似乎并不能通过自己的感受和经验得出一些属于她自己的判断和结论。

背后的原因就是：她的感受一直被"压着"。

她的父母一直都非常严苛和"有主见"。比如上学的时候她一直想读文科，她的文科成绩比理科成绩好太多，但她的父母极力否定："学什么文科，学文科进入社会会找不到工作。"并且进一步批评她不懂事，让人操心，和父母顶嘴。

这些否定的言语经常出现在她小时候的生活里："你就不能听话！""你就不能像正常人一样？""你就是不行！"

父母对她的不信任和掌控，导致她越来越不相信自己，也没有了更深层次的思考，慢慢地没有了主见。

这种"把外界对你的影响和评价，内化成你的自我认知"的过程，就是"投射性认同"。

当父母一再投射给你的感觉是"你很差""你需要管""你无法独立""你是个没有主见的人"时，你的真实感受会一直被"压着"，那么久而久之，你就会开始认同父母的说法，从而丧失了自己的主见。

就像开头的那位研究生一样，觉得自己无法独立，还没成年，无法拒绝、脱离妈妈的管制，无法尊重自己内心想要独立生活的需求，也看不到自己拥有争取独立的力量，需要通过写信来寻找一个"正确的模式"，给自己勇气和支持。

这些长期被"压着"的孩子，逐渐成为听话但丧失了独立思考能力的提线木偶。

这是很多父母想看到的，因为这样似乎孩子就会更省心，未来就会更好。

但实则是，在这样的家庭氛围下长大的孩子，未来独立生活时会遭遇巨大的风险。因为他们没有自己的判断和主见，所以很容易被人"洗脑"，被人牵着鼻子走。

他们好像总是生活在一团不确定里，总是在寻找父母说的那个正确的方式。

"我这样是不好的，我只要变成那个好的样子，一切就都没有问题了。"

他们总是以为，只要找到那个标准答案，就可以安然地度过一生。这真是父母给孩子人为制造的乌托邦。

"模子"是不存在的

实际上，"模子"是不存在的。这世界压根就不存在一种标准的活法，或者一种"应该"的活法，人也没有一个"应该"的样子。你要怎么做，怎样去生活，取决于自己的判断和选择。

这里有一个关键点，就是信任自己的感受。

感受良好，说明你此刻正在经历的事和打交道的人，有令你感觉舒服的，并在一定程度上满足了你的情感需求。顺着舒服的感受继续下去，会越来越能感知到自己的情感需求。

感受不好，说明你此刻经历的事和打交道的人，可能令你觉得不舒服或者伤害到了你。那么需要你及时地分析自己的感受，将那些伤害你的东西识别出来。

如果一个人不相信自己的感受，就会失去辨别是非的能力。很多具有受虐倾向的人就有这种思维模式。明明遭遇了一些感受很差、很糟糕的东西，他们的头脑却告诉自己，这是好的，这才是爱。于是让自己一而再，再而三地处在不舒服的状态里，并且告诉自己，爱就是这样的。

他们从很小的时候开始心里就有一个"模子"。父母在打压他们的时候，常说的就是"我都是为你好""我是爱你的"。所以尽管他们很难受，却无法辨别和相信自己的感觉，而是去相信外界的标准——为你好，才会这样对待你。

还有一些事明明让他们感受不错，但是他们的头脑却反复告诉自己："不能这样做，这样做不好，这是诱惑。"

事实上，外界根本没有什么"模子"。

好不好、对不对，这些判断在你自己心里，不在到处搜集的知识、观念、他人的说法等外界的东西里。一个结论如果没有经过你自己的检验，就不一定是对的，不一定是适合你的。

如果非要有一个"模子"，它也是在你的心里，在你身体的感受里。它不在别处，你才是这个"模子"的拥有者。

寻找"模子"，也是在寻找好的依恋关系

真正好的父母，都善于给孩子确定感。

如果一个人在不停地寻找"模子"，也可以说是在寻找一个"好妈妈"。因为他认为找到一个"好妈妈"，自己就可以变成一

个好的人。这也是一个自我认同的过程。

不好的依恋关系，会严重剥夺人的自我认同，让人无法信任自己。

英国精神分析学家唐纳德·温尼科特把孩子跟父母的养育关系分为两种：一种是父母以孩子为中心构建的关系，这样成长的孩子能发展出真正的自我，他们相信自己的感受和判断，温尼克特把这叫作"真自我"；另一种则是孩子围绕父母的感受构建自我而形成的关系，这样成长的孩子会以满足父母的感受和需求为主，忽视或者牺牲自己的感受，无法建立真正的自我，这叫作"假自我"。

"假自我"很强的孩子，他们真正的感受得不到满足，真实的自己得不到发展。总是在为满足别人活着，或者要求自己必须符合某些条条框框。在用"假自我"构建自我的孩子中，最惨的莫过于那种用"否定"构建自我的孩子。在他们看来，无论怎么做，父母都会否定他们。

这会让孩子陷入巨大的自我冲突里，被巨大的自我怀疑和不确定感裹挟，陷入自我否定的自我伤害和自我折磨的旋涡里无法自拔。没有什么比这更能毁坏一个人的人生。此时的"模子"，更像是一棵救命稻草。他们巨大的生命力都用来寻找这根救命稻草，这种精神的寄托。

在被现实的各种否定打击、毫无立锥之地的处境里，他们就是靠着这个幻想活下来的："我一定会变成一个好孩子，只要我找到那个'模子'。"

如果你正处于这种不确定的状态里，并且想要脱离，可以先给自己一点时间，细细体会自己的感受，尝试去肯定、信任自己和这个世界，接纳自己的判断。

慢慢来，不要着急。

小时候没有得到的确定感，可以由你自己来创造，从肯定自己的感受开始。

走出"应该"的框架，做真实的自己

整天不满意型

在日常生活中总会碰到这样的人：他总是对自己不满意，对别人不满意，对生活也不满意，很难从他脸上看到愉悦幸福的神情。大多数时候，他都是愁眉苦脸的样子，或唉声叹气，或横眉怒目，不是在指责别人，就是在自责。他还有一个颇为明显的特征，就是爱抱怨，不停地诉苦：

为什么我这么不好？我什么时候才能成为自己希望的样子？

为什么我娶了一位这样的妻子？

为什么我的孩子这么笨？别人家的孩子为什么就那么出众？

为什么老天爷要这样对我，让我活得这么苦？

············

如果你仔细感受他语言背后的情感需求，会发现其实他想说的就一句话：我应该比现在更好。

这句话包含了以下的意思：

> 我应该更好。
>
> 我应该有更好的爱人。
>
> 我应该有更好的孩子。
>
> 我应该有更好的工作。

············

家里有一个正在上大学的侄女，这几年放假见到她，不是在抱怨大学不好，就是在抱怨老师不好，英语四级考试没过抱怨了半个学期，更别提雅思考试了。后来交了男朋友，又开始抱怨男朋友的工作和家境。张口闭口都是"你应该……""我应该……""这件事应该……"，总之，没有一件事情是令她满意的。像她这种整天抱怨的人，既不能让自己好过，也不能让别人好过，既不让自己满意，也无法对别人满意，长期处在自我抱怨、自我痛苦的自虐状态里。

不要过分追求"应该"

一个过分追求"应该"的人，他的生活一定是充满了失望，因为这世上的事都充满了不确定性。

都说"不如意事常八九"，不是所有的事情都能够满足我们的要求，能够达到我们的预期的。我们都知道生活没办法顺着任何一个人的意愿发展，当我们用"应该"要求自己，要求外界，要求他人时，有很大的概率会遭遇失望。

或者说当我们过分注重和追求"应该"的时候，就是在否定现在，那难免会对周遭的人和事物感到失望，从而抱怨。

之前接触过一个家庭，爸爸和儿子的关系很糟，希望我能帮助调和一下。我抽出时间约了父亲和孩子坐下来一起聊一聊。

刚坐下没讲几句，我就发现了父子关系不好的病因。整场聊天，这位父亲"口若悬河"，一直在表达对孩子的不满：学习不行，运动不行，性格又唯唯诺诺，什么都做不好，长大肯定没什么出息……而孩子呢？一动不动地坐在那里，耷拉着脑袋，眼皮低垂，两只手不停地绞来绞去，充满了羞耻感和愧疚感。然而这位父亲根本看不到孩子的尴尬和难堪，反而越说越起劲，越说越大声，越说越难听。所有的话总结出来就是：这孩子太令人失望了，他不应该是这个样子的，他应该是我期待中的样子。

我在一旁边听得浑身难受，一方面很心疼这个孩子，一方面对这个家庭的氛围委实担忧。

这位父亲难道就感受不到孩子的痛苦吗？

这孩子跟他想象中的"万能孩子"相比一定是有差距的，那该怎么办呢？他想缩小这种差距，但似乎根本想不到实际的解决方案。他只是在不停地表达"你不行，你不是个好孩子，我怎么生了你这么个孩子""为什么你就不能达到我的要求，让我这么失望"……

其实我们不难看出，孩子只不过是个替罪羊，就算再换一百个孩子，这个爸爸还是会失望。因为不可能会存在一个满足他全部渴望和想象的孩子，所以不是孩子有问题，而是爸爸本身有着不切实际的期望和幻想。

他认为自己的这些期望和想象很容易实现和满足。

因为你是我的孩子，所以你得表现得跟我想象的一样；如果不一样，你就是一个很差劲的孩子，我就要指责你。

生活在这种环境里的孩子，他的自我要围绕父母的要求构建，围绕父母心中的理想孩子的形象构建，而没办法围绕自己在现实中的样子构建，这样就制造了一种差距——理想的我和现实的我总是不一致。尤其是当理想的我是完美的时候，一个人就会在现实里长久地感受到我不够好。

后来，跟这个爸爸深入对话后，我发现他对自己也是像对待儿子一样，充满不满，而在他小时候，他的爸爸，也就是孩子的爷爷，也是像他今天对待他的孩子一样对待他的。

似乎这个家族一直在用一种理想化的标准来要求自己的孩子。我有一个朋友小时候家里也是这种情况，他说过一句话我至今仍挺有感触的，他说："如果我是一棵树的话，似乎他们希望我一生下来就是一棵笔直的、茂盛的白杨，而他们既不给我施肥也不给我浇水；如果我不是一棵笔直的、茂盛的白杨，他们就骂我、责怪我，认为我对不起他们。"

对别人要求完美就是在试图虐待别人，对自己要求完美就是在虐待自己。而这，并不是爱。

爱绝不要求完美。

活在"应该"思维里的人看不见别人

上述案例中的爸爸对自己的孩子根本一无所知，他所看到的只是现实中的孩子跟他想象中的孩子对比所产生的差距。他既不关心孩子的感受，也不关心孩子的需求，更不关心孩子为什么会出现这些问题。

处于这种心理发展水平的人其实没有办法和别人建立真实的关系，如果建立也只是他们本身和他们想象间的关系。他们会把自己的想象投射到跟他们打交道的人身上，然后因为这个投射的失败而不停地愤怒和失望。

他们意识不到需要为这种投射失败负责任的人是自己，意识不到如果一个人按照别人的想象活着，或者按照别人的要求活着，就意味着这个人要牺牲自己的需求和感受，去做一个满足别人的工具。

而孩子是不能分辨这些的，所以很多从小在这种养育模式下长大的孩子，就弱化了或者牺牲了自己的需求和感受，去做一个满足父母期待的工具。这就是很多人会把自己工具化的原因。他们不会爱自己，只会要求自己，鞭策自己，只关心自己的产出和成绩，做不到的时候就指责自己，从来不会理解自己。

把自己工具化的人也一定会把别人工具化。工具化的特点就是压抑和回避自己的真实感受，盲目地应对别人的要求。如果达不到，他们就会生活在不安和焦虑里，甚至会有些恐惧。

当要求被凌驾于关系之上，就是在要求一个人承担另一个人无法承担的责任。爸爸要求孩子承担自己的理想，使自己的理想不破灭，从而可以达到自我认同；丈夫指责妻子不够完美，是希望妻子可以承担他自己承担不了的部分。

爱恨不能整合，就意味着内部的分裂。好的"我"和不够好的"我"没法整合，所以要把不够好的"我"分裂出去，投射到别人身上，用别人不够好的方式来欺骗自己说"我是好的""我是完美的，问题不在我这里"，这样，焦虑和恐惧就成了别人的东西，"我"就轻松多了。

在一个家庭系统里，经常会上演这样的投射及认同，所以家庭里经常出现替罪羊。那个替罪羊不一定是有问题的、制造问题的人。

从直面自己的恐惧开始

如前文所述，如果童年时期，围绕父母的感受去构建自我，孩子的安全感是建立在满足父母的要求之上的。如果没有达到父母的要求，就意味着可能会被抛弃或者不被爱，这种恐惧对于没有任何支撑的孩子来说不亚于无法生存。

在这样家庭长大的孩子，久而久之他就学会了在父母表达不满之前，先主动承认自己做得不好的地方，这样就能缓解父母的不满情绪。导致他越来越看不到自己身上的优点，甚至一度否定自己，充满了不安和焦虑。

所以想要真正地成长，就要直面自己内心的恐惧，不要活在

"应该"的框架里，没有你"应该"做什么，你"应该"成为什么样的人，只有"你想"，"你想"做什么，"你想"成为什么样的人。

主动承担和勇于面对，走出被动的人生

被动的人生

这几年，"躺平"这个词开始流行起来。身边有一些人很受这个词的影响。本身很有理想，很积极上进的人，在经过一阵子拼搏努力，发现所得到的并没有令他们满足后，就慢慢趋于"躺平"。他们觉得有些东西并不是靠自己努力奋斗就能够争取来的，有些东西是需要别人提供或者让步的。

这个"别人"可能是自己的另一半，可能是自己的领导、朋友、其他关系者，或者是运气与命运。

简而言之，他们变得对自己有点"不负责任"。

因为不负责任，所以他们总是把自己想获得的公平、财富、情感、地位、尊严搞成了好像是别人的事了。

"作为一个领导，他怎么能这么自私，这让我们做下属的怎么办！"

"我的命太苦了，这太不公平了，为什么同样是25岁，人家都毕业进银行了，我还在找工作。"

"我觉得命运是不公平的，为什么她可以找到那么有钱的丈夫，但她明明没我漂亮。"

"我对他那么好，他怎么能这么对我？"

…………

长此以往，这种人渐渐意识不到自己变得越来越对自己"不负责任"。因为意识不到，所以当某件事、某个期待没有得到自己预期的结果或回报时，他们就会格外失望和无力，甚至难以理解，无法接受，从而导致愤愤不平。

对于这类人来说，他们的主要痛苦是意识不到很多东西的获得是需要自己去争取的，而不是像他们以为的"我做得足够好，就应该得到某种结果"。

他们等待着外在力量的垂青、认可、主持公道，时间长了，他们就会丧失主动性和热情，变得越来越被动，以至于长时间地"躺平"。

那么我们来分析一下，在"被动"的背后，有哪些是自己还没有意识到的潜在的心理原因。

被动的背后有一个"他人要负责"的幻想

这个特别容易投射到自己跟领导的关系中。

有很多人，他们对自己的领导特别不满，但是又没办法改变什么。所以他们总是在抱怨领导。

他们的言外之意觉得都是因为领导，自己的日子才这么难过。

他们总是觉得自己现在在工作上所处的困境和无法取得的成就，原因都在领导身上。领导没有提供好的平台，领导能力不行，领导规定的政策导致他们在工作上难以施展才能，领导要是改变，他们在工作上的问题就能解决。

这种人会习惯性地把自己所面临的问题的解决方法寄托在别人身上或者别的东西上，认为只有别人改变了，或者要求、政策、态度等改变了，自己的问题才能够解决。

这样会产生一种理所应当的心理：我把自己负责的部分做好了，那就应该产生我所期待的结果。

可当结果不如意的时候，有些人就会产生这样的想法：我已经做得够好了，怎么还不给我涨工资？领导为什么还对我不满？怎么还不提拔我……

这是一种典型的小孩子心理。对于小孩子来说，他想要什么是由大人负责和承担的，他只需要把自己要做的部分做好，之后大人自然会给他想要的结果。

可作为成年人，你想要得到某种结果，除了做好你认为应该做的，可能还要花心思研究领导为什么没提拔你，而不是简单地认为你做得足够好，他就应该提拔你。

只有具备自我负责的意识，我们才能从对别人"想当然"的幻想中走出来，去了解问题出在哪里，才能主动解决问题。

被动的背后是觉得自己的需求不重要

还有一类人，他们在生活上和工作上的态度就像个"客人"或者"旁观者"。

在任何环境里，他们都显得很"老实"，好像需要别人允许或者让他们做什么，他们才去做。

对于利益，人家给就要，人家不给就不积极主动去争取，对人对事特别地客气和小心。

我很心疼这样的人，他们好像显得自己怎么样都行，都无所谓，特别好说话，但是他们无一例外活得都不舒服，内心很压抑，甚至抑郁。

这跟他们长期忽视自己的感受，不重视自己的感受和需求有关。需求长期不被满足会导致失望和厌倦。

很多人觉得自己的需求会给别人带来麻烦，或者太担心自己的需求会不受人待见，所以他们很少提出自己的需求。久而久之，他们会觉得自己的需求没那么重要了。

他们认为有需求这件事很麻烦，需要去表达、争取，还得处理可能会发生的各种事情，想想就觉得累，甚至有一些年轻人觉得谈恋爱都很麻烦。

很多人从小在家是不允许表达自己的需求的，不允许按照自己的需求来。即使表达了也总是被拒绝，被指责不懂事，或者被忽略，被迫按照父母的要求来。久而久之，他们就慢慢地忘记了自己的需求和感受，忘记了自己也有提出和争取自己需求的权利，变得被动而淡漠。

"我的需求不重要"，是对自己的放弃，好像承认了自己是不被在乎的，是不重要的，甚至会觉得是自己不够好，所以不配提出需求，不配得到满足。

一个时常对自我感到不满和羞愧的人是没有力量对世界理直气壮地提出要求的，一个自我感觉不好的人怎么会有力量主动去争取自己想要的。

而那些能主动争取、自主表达需求的人，他们是相信自己、肯定自己的，至少会觉得自己没那么差，自己值得拥有，自己配得上。

提升自我的价值感，提升背后的自信心，自我感觉良好了，就会慢慢主动起来。

在这个过程中，一个人要尊重和重视自己的需求、感受和意志。每一个需求被满足，每一个意志被重视，都会带来一份动力，让你觉得有力量；每一个愿望的成真，也会让你觉得自己越来越重要。这样就可以慢慢积蓄能量，慢慢变得主动。

被动的背后是害怕冲突和失败

我在上大学的时候是个特别"佛系"的人，同学们常说我对什么都没有要求。口头禅就是"都可以""没问题""随便"，一副淡泊名利、与世无争的样子。

但只有我自己知道，我只是没有力量去争取。我感到自己很脆弱，一面对冲突，就马上败下阵来。

自己很脆弱这个事是很难面对和接受的，于是防御机制就启动了，导致特别鄙视那些很爱竞争的人，觉得他们特别俗气。

"不敢争"和"不愿争"本质上是两回事儿。但是根据我的经验，我发现在很多人那里，它们变成了一回事儿。很多人本质上是"不敢争"，但是他们总是欺骗性地告诉自己是不想争，表现给别人看的也是自己"不愿争"。

通过"不愿争"的这种姿态，他们安慰自己——我是不屑于跟你们争；只要我愿意争就一定能赢。但是在日后的成长中，尤其是工作以后，就会发现人们因为脾气不同、性格不同、经历不同、需求不同，本身就充满了矛盾和误解，人与人的联结本身就充满了攻击性。不是你不争，别人就会不与你争；不是你不想起冲突，冲突就会绕着你走。

回避人与人关系中的攻击性，是不敢面对关系中必有冲突的一面。掩饰冲突或回避冲突，冲突并不会消失，相反，会憋在内心持续性地自我冲突。

越害怕冲突，冲突越多，越压抑攻击性，越容易被人攻击，导致越容易生闷气，有时候因别人的一句无心之语都能气得睡不着觉，翻来覆去地想。

这就是为什么一些外表看起来很好的人却内耗很大，且随着关系的深入会很难相处；反而那些敢爱敢恨的人并不纠结，且容易相处。

如果一个人长期压抑自己的攻击性，他就会渐渐变得没有活力，变得脆弱。一方面，他害怕别人的攻击性会摧毁自己；另一方面，他担心自己的攻击性会伤害别人。于是他就像玻璃一样易碎而没有弹性和韧性，胆小、恐惧、怕事。

我们要积极地展开我们的攻击性，当然并不是让你真的攻击别人。积极健康地参与竞争，自如地伸张自己的意志，都是攻击性展开的表现。

敢爱敢恨敢表达，生命会更有自信和活力。

很多特别"规矩老实"的人，都无意识地把外界投射成了一个恐惧的存在。在他们的想象里，外界是不允许他们占据主动、主导地位的，而他们也没有力量坐到那个位置上。

规矩、老实、被动，成了一种安全存活的方式。

但其实并不是。当你主动争取了一次，会发现自己有能力将自己想要的争取下来；当你又争取了一次，发现主动争取并没有自己想象中那么难，这时你对世界的认知就会慢慢地发生改变：你会发现冲突并不可怕，冲突可以让彼此更加了解；会发现这个世界并不像你想的那样，人们的态度是会发生变化的。

攻击性是一个人有魅力、有领导力的来源。隐藏了攻击性或者攻击性被严重压抑的人会没有竞争力，就是生活中我们常说的"太老实"。"乖乖女"容易被"坏小子"吸引，因为"坏小子"

可以释放"乖乖女"被压抑的攻击性，让她找到内心深处的另一个自己。

攻击性本身就是一种活力，一种渴望向外散发能量的动力。

被动的背后是对外界过度依赖

其实一个人表现得被动，这背后都有未被满足的依赖。

因为这种依赖没有被满足，一个人会缺乏力量，所以分离和独立似乎就变得有点困难，而他还在深深地渴望这种依赖的满足。

一个人被动意味着他觉得自己没有什么主宰权，他也没有感受过自己独立的力量。他可能感受到的都是自己的弱小、脆弱，以及没有选择权导致的无助和无能为力。

不管他有没有意识到，在每一个被动行为的背后，无意识中传递给人的感觉都是在把自己的命运交付给他人或者外界。

这恰恰是一种严重依赖，依赖外界，而不是自己。

但外界也不是完全可靠、可以全身心去依赖的。能够认清这个事实，去直面自己内心的真实想法时，一个人就可以向前行走了。

这时他会把目光从外界转向自身：我可以依赖自己做些

什么?

　　我不认为一个人可以过上一个完全由自己说了算的人生，但是，过上一个自己努力争取的人生，是没有问题的。

　　很多事情争取过，就会不一样；主动过，就会不一样。

　　我努力过，我争取过，我真实地活着。

直面现实，击碎逃避心理

为什么有的人总在逃避

不知道你身边有没有这样一些习惯性逃避的人，这些人可能不太喜欢去上班，工作中需要发表演讲时就习惯性推脱，有什么任务也会以各种理由拒绝；而在生活中，大到总是将人生进程往后推，不回家陪女朋友或男朋友，不喜欢去对方家串门，觉得结婚是件很麻烦的事总是往后一拖再拖，小到出门倒垃圾，下班买菜，晚上做饭，都会以要么忘了，要么太累了等理由推脱或者逃避掉。

这种人总是在逃避，在外人眼里他们是个很不负责任的人，没有一点责任感，甚至有些自私，只顾自己过得轻松。

但实际上呢，却并非如此。他们往往是一边逃避，一边内心又充满纠结和挣扎，他们看上去是将所有麻烦事和困难事都推卸掉，实则内心颇为痛苦和纠结，既不能坦坦荡荡地放弃，直面损失，也不能享受推卸和逃避后带来的痛快感和舒服感。

如果真心不想做一件事，爽快地放弃或推掉，未尝不是一件很好的事。至少在态度上，直面了要承担的损失，做出了自己的选择，也算是一种对自己和对他人负责任的方式。

但就怕他们想要完成这件事，想要一个结果，可还是选择逃避。这种逃避会使得他们在心理上格外痛苦，而现实中的问题又没有被解决。

不是说你不去倒垃圾，垃圾就不存在了。明明你很想和另一半步入婚礼，但却迟迟不去见对方的父母，问自己在怕什么，为什么逃避，又说不出理由。

这时，逃避带来的后果，就会持久地在内心折磨你。

一个人总要有所选择，选择面对或者选择拒绝，选择行动或者选择放弃。人生就是不断地做出选择，也是不断地承受失去的过程。在成长的路上，面对外界扔过来的难题，选择逃避，不去面对，然后在逃避里自我折磨、内耗，是不敢面对自己内心的一种表现，也是最为痛苦的一种选择。

习惯逃避的人的自救之道

一、肯定自己的感受和需求

当你不想去上班，不想做某个任务，不想陪女朋友，不想倒垃圾，就是想要拖延时，不要急于否定这种感受。这种感受是正当的、真实的，是客观的，不是掩饰或者不承认就会消失的。

承认和肯定这种感受的存在，是面对自己的感受和需求的第一步。

就像有的人一要当众演讲就会紧张，承认自己会紧张是面对问题的第一步。

有了这第一步，你才能稳住自己，继而有了后续分析问题和解决问题的可能。

如果你在这一步上压抑或极力否认自己的感受，就会导致习惯性地逃避，然后长时间地陷入纠结、冲突和内耗里。

假装这些感受不存在，或者不敢大大方方地承认自己的这些感受，而选择逃避，实则是一种自我欺骗。

我们要肯定自己的感受和需求，了解我们为什么不想面对、为什么想要逃避背后的真实原因。

二、分析逃避背后的原因

是什么原因让你不想上班？你对工作有什么不满？不满意领导，还是不满意环境？是觉得工资太低、任务太多，还是生活压力太大，因此迁怒工作？还是对某个同事不满？

分析逃避背后的原因，确定自己的真实想法和感受，才能找到真正的问题所在，才有后面的解决方案。

三、拿出直面现实的勇气

有人在选择逃避时会说，自己选择逃避是因为不想接受和承受这件事引起的情绪变化，不想面对这件事会带给自己的失望、焦虑、压力、痛苦等。但我们要明白，这些都是我们要经历的必修课，不是我们选择逃避就可以消失的。

相较于逃避，人生还有更加痛苦和残酷的事，那就是不去面对，让自己一直活在幻想的恐惧中。

很多时候，我们常常是被想象中的痛苦打败的。

就像一个人怕"鬼"，躲在被子里瑟瑟发抖。人们很容易被心里想象出来的"鬼"给吓唬住，被打败，因为想象中的困难或者恐惧是很难克服的。

但现实中并不是如此，现实是有边界的，困难和痛苦也都是有边界的。

我们常常被自己想象中的痛苦和恐惧打败，当你意识到这一点时，尝试去看看真正的现实是怎样的。它也许真的没有那么可怕。这会帮助你克服逃避心理。

你会发现，越直面现实，你会越有力量。

消除恐惧和焦虑，你的人生不必那么累

有人说自己的拖延症非常严重，想要做好准备迎接新的一天时，至少需要准备三天。

这种拖延的背后是深深的累和疲惫，做什么都提不起精神。每次想做点什么事，都需要花费很多的时间和精力，才能勉强行动起来。

这是许多现代人的生活常态。

那为什么会这样呢？

活得很累的人，究竟累在哪里

一说到累，我就想到我的邻居老张。老张是个很忙碌的人，每天起早贪黑，眉头紧皱，感觉永远有忙不完的事，2020年年前的时候累得病倒了。后来因为疫情，他暂停了工作，可依旧没能休息好。后来有天，他老婆在深夜"咚咚"地敲开我家的门，说老张太焦躁了，一直在"闹腾"，希望我去帮帮忙。

于是我在深夜和老张进行了一番促膝长谈。他一股脑儿倾诉了许多。

"你不知道，这半年我什么都没干，我心慌啊，感觉荒废了许多时间，晚上都睡不着觉。"

"我本来给自己订好计划，这半年要在家进修法律，参加下半年的考试。可这半年都过去了，才看了三十几页书，照这样下去肯定完不成，我好焦虑啊。"

"我在 App 上买了很多课，也没听多少，觉得自己太差劲了。"

"我现在就是晚上睡不着，白天还起不来床，我是不是要完蛋了？这意志力真差啊。"

…………

现实中像老张这样的人不在少数。他们好像每天都有忙不完的事和做不完的任务，急匆匆、忙碌碌。即便给他们一个假期，他们也能安排得满满当当，绝不允许自己"浪费光阴"。但仔细观察他们的生活，其实并没有做多少事。

就像老张一样，休假虽然减少了他工作上的忙碌，他却陷入了另一种忙碌——给自己安排了很多事情，但总是什么都做不成，还觉得自己特别累。我在老张身上看到的，不仅是身体上的忙，更多的是精神上的焦虑，从而感到疲惫。

这也是许多人的常态——做了很多事情觉得累，什么事情都没做也觉得累。

总而言之，就是一种"压倒性的疲惫"。

那为什么会这样呢？

累的背后，是恐惧和焦虑

经过和老张的交谈，我发现他一直活在恐惧和焦虑中。

从小，他的父母特别会说教，每天能说出几十句大道理来管教他，而老张刚好又是个听话的孩子。小时候同龄人在贪玩不写作业，总是偷着打游戏、看电视的时候，老张则每天在家一心一意写作业。

长大后，他也很自律。规定自己每天几点起床，每年要学习完多少课程，提升多少相关技能，达不到，就认为后果很严重。

"达不到目标会怎样呢，会有怎样的后果？"我问。

"这样懒惰下去我的人生就会毁了。"

这话怎么这么耳熟？

我恍然想起，这不是老张的父亲经常挂在嘴边的话嘛！看来，老张对他的父亲的教诲真的是听进去了，不仅听进去了，而且深信不疑，认为自己如果没有按照父亲告诉他的那样做，人生就会"毁"了。

一瞬间，我明白了老张为什么那么累。他的内心为什么充满了恐惧和焦虑——因为如果做不到这些，他的人生就会"毁了"。

我发现很多把自己搞得很累的人，内心大多都充满恐惧和焦虑。他们从小被灌输了太多的说教，他们害怕达不到某些要求，就会变成不好的人、差劲的人，人生就会"毁"了，所以强迫自己去达到那些要求。

从表面上看，他们非常自觉。但这种自觉并不是他们自己内心驱动产生的真正的"自我管理"，而是一种内化了的说教。他们的脑子里仿佛有很多个小人，分割了各种精力：一个要求自己一定要做些什么；一个是花心力去面对"做不完我就很失败"的恐惧；一个是抽出时间逼自己专注去做事情；最后一个，才是真正有做事精力的。

这些恐惧的驱动，造成了很多内耗，也让人无法全心投入当下的事情，导致效率低下。这时如果面对必须要做的事情，就只能用剩下的精力去硬扛，所以每天就会觉得很累。

如果不是必须要做的事情，例如休假时给自己的安排，就更没有精力去应付了。

这也是成千上万的老张失眠的原因。

身体需要休息，头脑总在强迫，一直在说教，一直在说你不能这样，再这样下去就完了。结果身体无法安心休息，晚上不睡觉，白天起不来。

那该怎么办呢？

累的人，更需要的是觉察和照顾

累是很多人的常态。但大部分人面对累，往往拿不出特别有用的解决方法，甚至越解决越疲惫。因为大家不是直接去解决——累了就去休息，而是尽管很累，也要铆着劲儿去努力分析问题：我太拖延了，怎么可以这样？我为什么总是失眠？我太不自律了，怎么办……

看似很努力，但细想一下就会发现，这种人又重复了说教和强迫自己的过程，反而更促进了内耗，促进了"累"的产生。

面对累，更有效的是做到以下两步：

一、觉察到自己很"累"，重视它

累作为一种感觉，总被我们习惯性地压抑。

从与老张的交谈中，我发现老张从小仿佛就是一台考试机器。他的感受从未被看到和重视，幼小的孩子最需要的玩耍、共情，他一点也没有得到，以至于现在他也不太在意自己的感受。有时意识到自己很累，他也不以为然。他始终觉得，内心感到很累根本不重要，身体感到很累也不重要，最重要的是那些要求、那些成绩。

在自己累了的时候，我们应该及时休息，调节自己。"累"就是一种信号，意味着需要放松一下。

要从累的状态里走出来，重视自己的感受，并认真地对待它。

二、允许自己被照顾，有所"依赖"

在每个很累的灵魂背后，都意味着内心没有可以依赖的关系。这里说的内心没有依赖，不代表现实中真的没人可以依赖，而是不被照顾和不去依赖，已经成了惯性。

就像老张，他说别人家的小孩都可以在妈妈怀里撒娇耍赖，自己却从来没有过。一旦撒娇耍赖，就会被扣上各种"帽子"："不懂事""不是好孩子""很没出息"。他的情感和需求，被这些说教压住了，无法流动，所以他自然就产生了恐惧和焦虑："我不能被照顾。""我不应该依赖。""我累了不能歇着，我要更有出息。"

但人是需要支持和照顾的。关系的支持就像容器，可以包容我们的弱小所带来的焦虑、无力和恐惧，让我们意识到脆弱无助并不丢人，还可以极大地缓解心灵的疲惫。

当我们累了的时候，有个人允许我们累和休息，并且和我们说不用急，会让我们更安心地放松自己。

在这些包容和照顾下，我们能稍微偷懒一下，去体验一些休息的甜头，并且会有一些新的发现：原来躺着休息一天也不会耽误事情，心情反而得到了放松，可以让第二天更有精神；原来放松下来充分地休息后，做事情反而更投入了；原来有很多事情，不做也没有关系，可以集中精力做更重要的事情；原来没有达到很高的要求也不会怎么样，做到一点是一点，毕竟需要时间……

随着这些经验的日积月累，我们也能开始包容自己并放松下来，慢慢做到真正解决累的办法——感觉到累了，允许自己好好休息。

第二章
做真正的自己，摆脱心理困境

接受"状态不好"，你不必时刻追求完美

总是"状态不好"

认识的朋友中有那么几个人，他们总是忧心忡忡、十分苦恼，状态很糟：晚上经常失眠，白天睡不醒，一整天都没什么精神，上班也无心做事，晚上回到家，身体格外疲惫，却迟迟睡不着。

身体总是处于一种精力不充沛、精神不集中的状态，无法全心全意地去做一件事，这让他们感觉很糟糕。

感觉自己的身体总是不听自己的使唤，自己的状态很失控，所以很焦虑、抑郁，这种感受糟透了。

这种状态跟拖延症的表现有点像，但又不同，区别在于这类人格外关注自己的状态，并且是长期关注，他们陷入跟自己的状态的搏斗中，持续的时间很长，一般都有很多年的搏斗经历。

这类人的逻辑似乎是：外界的那些问题，只要控制住了自己的状态，处在一个良好的状态里，那么一切都会迎刃而解。而现在状态不好，所以没办法处理外界的问题。

在这样的逻辑里，状态似乎成了一个中间变量，或者是推卸责任的变量。

一切的问题都是因为"我状态不好"引起的。

那么被他们死死盯住的"状态不好"到底是什么东西呢？

为何要控制状态

一、一个人总"状态不好"在于过于执着想象中完美的自己

有一个朋友，他一当众发言，就会紧张颤抖，说话结巴，严重的时候会冒冷汗。

他很讨厌自己这样的状态，觉得非常没出息，他时常为自己不能坦然自如地发言而感到羞愧。

他总是畅想自己在发言时可以坦然自若、语出惊人，大家都用满意的眼光看着他，然后为他鼓掌。

可这么多年来，他却从未达到过这种状态，他对自己失望至极，甚至有些讨厌自己，看不起自己，觉得自己是个很差劲的人。

可是他从未认认真真地对自己进行过剖析，也从来没有研究过为什么一到演讲或发言的时候就会容易紧张，导致结巴，然后频繁出错。他真实的状态和他想象中自己应该保持的状态差得很远。

如果用"我应该这样，但是我没有，所以我很差"这种思维方式来看待问题，我们就会发现，问题根本解决不了。

这个朋友这么多年来一直使用自我攻击、拒绝接纳自己甚至厌恶自己的方式来看待问题，很明显是不对的。状态不好只是一种外在的表现，我们要了解状态不好的原因，了解引起紧张结巴的根本原因，才有可能解决问题。只是一味地对自己提要求，不接纳自己的真实状态，甚至是强迫自己去符合自己想象中的样子，其实这些都只是在做无用功。

他此时的状态不好，只是一只替罪羊，他的内心认为自己应该是全能的，应该是完美的，认为自己应该符合自己的想象才是问题的根源。

一个心智比较成熟的人都知道：想象是一回事，做起来是另外一回事；想象起来很容易，但做起来很多时候并没有那么容易。人对自己的想象往往是完美的、出色的，但现实往往会有很多意外、瑕疵、不完美。

心智成熟的人能接受这种现实的挫败感，但一个处于全能自恋①状态的人就无法接受：我竟然没有自己想象的那么厉害，我太差了。这类人会在遇到一些小挫折时陷入暴怒或者彻底无助的虚弱感里。

这是对自己的认识太过理想化导致的，不了解现实中自己真实的样子。同时，这样的人也会对别人有同样理想化的要求。本质上不了解自己，就无法客观地看待自己、看待别人。

其实，想象跟现实不一致几乎是常态。

执着于想象，执着于现实必须符合想象，是在追求一种婴儿般的全能自恋状态。所以，不管他们遇到什么问题，比如人际问题、工作难题……最终他们都会回到"状态不好"这个烦恼点上。

二、希望用"控制状态"来应对困难

我认识的朋友家中有这样一个小孩，他的父母关系不是很好，总是吵架，而且到了离婚的边缘。这个孩子长期处在父母争吵的处境中，内心非常焦虑、害怕，害怕哪天自己的家分裂了，

---

① 全能自恋：是指每个人在婴儿早期都具备的心理，即自己无所不能，一动念头，和自己完全浑然一体的世界（其实是妈妈或其他养育者）就会按照自己的意愿来运转。

父母离婚，自己成为没人要的小孩。

　　但是他内心的这些恐惧、害怕，没办法跟别人倾诉，他的父母每天陷在痛苦的婚姻里，无暇关注他，更不可能理解他。小小的他无法化解内心的压力和恐惧，所以他把所有的希望都寄托在学习上，他认为这是唯一一个能够挽救他们家的方式。只有自己好好学习，并且考出好成绩，父母的关系才会缓和一点，他们的注意力才不会放在争吵上，对他的关注也会多一些，家里也不会那么清冷和混乱，而考出好成绩也可以让他不那么焦虑，似乎对未来有了一些掌控感。

　　考出好成绩成了他依赖的一根救命稻草，因为太急切于考出好成绩，所以他特别关注自己的学习状态，久而久之，就成了对自己状态的高度关注者。

　　此后，他变成了一个神经兮兮的人，整天关注自己的状态，跟自己的状态战斗、纠缠。实际上，这是他把外界的冲突、不安、动荡内化为自己内心冲突的表现。

　　因为无法控制外界糟糕的环境，没有任何人可以依赖，处在恐惧中的他只能依赖自己的"状态"来给自己安全感。

　　"控制状态"成了一把万能钥匙。

　　在"控制状态"的背后蜷缩着一个恐惧、害怕的小孩，他在努力地挣扎。面对生活中的困难、挫败时，他没有学会其他的应对方式，唯一学会的就是控制自己的状态，而到现在这已经变成了无效的策略。

这当然是无效的，他需要做出改变，一是面对挫折、失败时重建安全感；二是尝试去面对困难，掌握真正解决困难的有效方式。

三、"控制状态"的背后是无法接纳自己不够好的一面

"控制状态"一个隐含的意思就是希望自己是全能的、完美的、符合自己想象的、不应该有不好的部分。这意味着一个人最初在建立关系时是失败的，因为没有建立依赖的关系，一个人会退回到自己的全能自恋中，用自己的全能自恋来安慰自己。

建立关系的失败在于外界没有一个关系可以容纳他的不完美、脆弱、不够好，可以给他安全感，告诉他这样没有问题；告诉他不需要完美，他可以脆弱；告诉他不够好是很正常的，他依然值得被爱、被接纳、被鼓励。

因为这种关系的容纳性，可以令一个人不会因为自己的不够好而感到不安，他可以坦然自若、气定神闲地活着，有基本的安全感和信任感，并且他信任自己的力量，信任自己是美好的，而不是丑陋的。

但是很多人在早期的关系中经历的并不是被接纳、被包容，而是拒绝、冷漠和忽视。

　　一个孩子，如果找不到东西可以依赖，或者所有寻求依赖的努力都遭遇了挫败，最终只能依赖自己头脑中的想象。

　　因为不够好的一面没有得到接纳和抚慰，他在内心深处深深地觉得自己是不够好的，只有自己变得完美了才能跟人建立关系，只有自己完美了别人才可能接纳他、喜欢他。

　　不够完美让他感到羞耻，他对关系的理解是扭曲的，他渴望被爱、被接纳、被重视。但是他认为，要获得这一切，他必须做到跟他想象的那样完美。

　　所以他做事的动机是为了证明自己是好的、有能力的、值得被爱的。他的内心充满了恐惧和不安，一旦遇到挫折，他便没有力量去应对。因为首先"自我证明"可能被打碎了，他发现自己并不是想象中的那样全能。

　　而这意味着一切的努力都没有了希望，活着彻底失去了动力。

　　这种扭曲的观念是导致这类人状态不好的根源：自己并不如想象中那样完美，自己那脆弱、无能、无力的一面，会让他们彻底丧失安全感和力量感。因为一直以来，他们获得安全感和力量感的方式就是相信自己是全能的，自己很完美，所以才有力量。而不是依赖关系：你不需要完美，我就很爱你。他们应该明白一个道理：世上压根就不存在完美的人。

所以"状态不好"是一个人孤独的头脑游戏。一个人深陷在这种自己不够好的自责、恐惧和羞耻不安里，他以为只有自己变得完美才会获得爱，并且努力使自己变得完美，以减少在获得爱的路途中遭遇的失败与挣扎。那动力是顽强的，那努力是心酸又让人心疼的，那自责、自我攻击是让人不忍直视的。

如何走出"状态不好"的恶性循环

一、"状态不好"根本就不是个问题

所有为这个事苦恼的人必须意识到这一点，状态不好压根就不是个问题，人就是会有时状态好、有时状态不好。状态不好只是一个事实，你需要倾听背后发生了什么。

就像你现在咳嗽，你要倾听你的身体出了什么问题，是不是感冒了，或者是其他什么原因，而不是纠结于自己不应该咳嗽。

状态不好只是一个信号，提醒你发生了一些事情，提醒你一些要引起重视的东西，提醒你可能遇到了困难。比如：

你很累，需要休息。

你对当前做的事情很抗拒，不想干。

你感到压力很大，对目前面对的事情感到很困难，没有信心，所以很焦虑。

你觉得自己没有想象中那么好，对自己有些不满和失望。

…………

你的身体和感受有自己的规律，身体并不是一个被你的头脑任意差遣的工具，它是一具真实的肉体，有自己的局限性和自己的脾气，你需要看见它、尊重它、了解它，并且爱护它。

二、"状态不好"是一种逃避机制

状态不好是一种面对真正难题时的逃避机制，是一种面对具体困难和压力时无效的应对策略。当状态不好的时候，问问自己，现在遇到了什么问题，要怎么解决这个问题。如果解决不了这个问题，最坏的结果可能是什么？是否可以接受这种最坏的结果？

这是一种把问题具体化的操作。

很多时候，我们的痛苦在于过于把痛苦抽象化了，让它脱离了原本产生这种痛苦的根源。因为一些事情的发生，我们被触发了一些抽象的限制性的观念，而这些观念会让我们痛苦。对于苦恼于状态不好的人来说，他们的限制性观念就是："我必须状态好，才可以正常生活。"

实际上，人在面对很多有压力的事情、挫折和困难时，状态很容易产生波动，解决的方法是积极处理具体的困难和压力，而不是处于处理状态中。

对于不好的状态，学会跟它共处，认识它、调节它。

三、"状态必须好"是一种全能自恋的幻想

很多人会来咨询，说自己有很长一段时间状态很糟，该如何调理，如何快速从这种糟糕的状态中走出来？

这种情况下，我都会先告诉对方，绝对好的状态是根本不存在的，要想状态好，先要接纳自己会有状态不好的时刻。

没有人的状态会一直很好，没有人是完美的，但是状态不好、不完美，也可以生活得很好。

所以不需要过分去追求、去保持绝佳的、最好的状态。

四、状态不能解决的问题，爱和关系可以解决

追求状态好无非就是追求优秀的自己，有成就、有成绩的自己，认为这样的自己才能获得爱和认可，才能获得别人的尊重和接纳、看见和欣赏。

实际上，需要用关系解决的问题，是无法靠个人的成绩去解决的，就像获得成就无法解决孤独和爱的问题一样。

大部分的安全和信任问题，都需要靠关系去化解。

所以解决状态不好的问题，关键是看到自己背后关系的缺失，安全感和信任感的缺失。

如果你真的累了，就歇一歇

有人说："适当的'丧'，能更有效地防止年轻人情绪崩溃。"

"丧"是给自己的缓冲，"丧"一下更能让自己放松。

这个时代大家的工作量是父母那个时代的人不可想象的，面对的信息可能也是上几辈的人无法想象的。

在这种情况下，人们如何处理这些工作和信息，如何适应这种信息化、工业化的环境，就可能需要独特的方式。

有时我们很容易被卷入庞大的信息流和高速运转的世界里，精力迅速耗竭，并为自身的能力难以应对外界的要求和速度而感到焦虑不安。

此时，允许自己"丧"，更像是一种隔离、一种边界。

可以把外面的世界和要求先扔到一边，看上去不上进，像废物一般，却是一种难得的精神休息。

所以，在年轻人身上普遍出现的"丧"，很可能是一种出自本能的调节和适应，甚至可能是一种健康的自我保护。

"丧"是什么

一、高速运转的科技时代，"丧"成了一种必要的调整和休息

从生活方式上来说，现代科学和现代科技已经完全颠覆了前人的生活方式。

我们生活在一个巨大的信息社会里，借助于高科技，整个社会的效率都变得非常高，社会的更新换代也很快，遗憾的是，科技带来了生产力的提升、生产效率的提高，但它似乎并没有让人活得轻松，反倒让人活得更加疲惫和沉重。因为科技没有改变人想获得更多的欲望，如果这种欲望不经过反思，那么人可能反过来会被科技控制。

这话不是危言耸听！比如，现在很多年轻人都有加班的经历，甚至在很多大城市，加班几乎成为常态。科技和信息的发展，似乎产生了更多的工作，而且被要求以更高的效率完成工作，这让人从心理上和生理上都感到难以承受，疲惫不堪。

这些都是以"科技""效率"等名义发生的，你很难反抗，因为本质上你也很认同这样的方式，它并不是一种人为的侵蚀或敌意，而更像一种合理的"共谋"。

工作的边界一再突破生活的区域，甚至模糊了两者的边界，很多年轻人其实生活得很累，除了睡觉和吃饭，每天都有忙不完的工作。

这对人来说，其实是非常不友好甚至是残酷的生活方式。人像是变成了一台工作机器，而且最好是一台高效率机器，只有不停地运转，才能适应这个环境的要求。

这种时候人是非常压抑、非常疲惫的，大家都在被工具化，参与到快节奏的生活里。

这时，出现"丧"、抑郁、焦虑正是一种预警。

此时肯定自己"丧"的合理性，是很重要的。这是一种更信任自己身体的表现。

允许自己"丧"，才能允许自己和外界这些永无止境的工作和要求有一些边界，让自己可以得到一些休息和放松，从高度紧张和信息过载的外界环境中脱离出来。

承认"丧"，有一种让人从高度紧张、压抑的工具状态中活过来的感觉。

很多人觉得"丧"有调节的功能，允许自己"丧"，才能更有精力。

二、"丧"是对人们高度积极上进、过度追求成功的"鸡血生活"的解构

在当前社会，其实大家都处在一种高度统一化的价值追求中，那就是成功，而我们的成功好像还有更"精准"的描述——那就是要比别人更成功。

很明显，目前的社会是一个物质非常发达的社会，这得益于这些年大家的务实精神，但是精神追求处在一种过于单一化，或者"不被重视"的状态。

追求成功以一种简单粗暴的方式统一了大家的人生意义，规划了很多人的人生模板。

但是它真的符合人内心对人生的向往吗？

现在的人们较为务实，务实当然不是一件坏事，但过度务实，或者为了追求比别人更成功的务实，到底有没有意义呢？

有些时候，人们的很多精神追求可能会被压在心底，人们不再谈它们，而是谈效率、收入、成功。在这种情况下，生活似乎有些单调，变得千篇一律。以至于"为什么活着""找不到活着的意义"成为一种新型"疾病"，在年轻人中流行。

精神文化面临枯竭，以至于不能从心灵上给人指明方向，给人安慰。

我们得不到很多滋养性的东西。

而"丧"此时反映的可能就是内心的无力、迷茫和淡漠。成功让很多人把自己当成了能最大限度使用的工具，从而忽视自己的内心需求，不得不选择跟所有人一致的追求，即便内心可能觉得那个追求并不适合自己。

这时"丧"从本质上来说是一种信号，在提醒这些人需要思考怎么活着，去探寻怎么度过这一段时间。

"丧"是一些人内心真实的反映，是对将成功当作唯一追求的过度上进的"鸡血生活"的一种抗议，是对步步紧逼的生活产生的一种不适感。而这种不适感恰恰是自身人性充足的表现，是对外界扭曲环境的一种纠正。

重构人生的意义，可以自主地选择过怎样的人生，才是一个物质富裕时代的人可以拥有的红利，而不是大家被捆绑着一起赛跑，都去追求所谓到底谁跑得最快，谁占有的资源最多。

对有些人来说，要过怎样的人生可能是不加思考的、被外界强加的，所以"丧"的出现，意味着他们到了重构自己人生的意义，开始独立思考，重新拥有自我的时候了。

三、"丧"是一种情感补充

时代的变化也带来了人与人联结的改变，甚至人与自然联结的改变。

一些在大城市工作生活的年轻人，他们的绝大部分时间都是在跟工作联结、跟手机联结，跟人的真实联结很少，跟自然的联结更少。

但不管时代怎么变，人的高层次需求是不变的。

按照马斯洛的需求层次理论[①]，在目前这个快速运转的社会，人所需要的情感需求，比如尊重和爱的需求、归属感的需求，都被满足了吗？好像没有，很多人都处在非常压抑的状态，或者需求不满的状态。

现代的人变得很"宅"，这得益于科技的发达，什么信息都能从网上得到，什么事都可以依靠科技来解决。

唯一搞不定的是什么？

是心灵，是灵魂。

看上去似乎我们的生活更好了，但是我们的情感严重饥渴，能得到的情感慰藉不是很多，很多人的情感需求都处在被忽视的状态中，从长久来看，这必然会影响人的活力。

---

① 亚伯拉罕·哈罗德·马斯洛（Abraham Harold Maslow, 1908—1970），出生于美国纽约。美国社会心理学家、比较心理学家，人本主义心理学的主要创建者之一。他的需求层次理论把人的需求从低到高分成五类，分别是：生理需求、安全需求、社会需求、尊重需求和自我实现需求。

所以，我们要认识到"丧"真的是一种普遍存在的情感状态，是很多人都有的内心真实的反映。"丧"作为一种对生活无奈的自嘲，可能最容易引发共鸣，让你我被看见。

"哦，原来你也是这样的。"
"哦，原来不是我一个人这样，跟我有相同体验的人很多。原来大家都差不多。"

能多跟人诉苦，说说生活中令你感到"丧"的小事，并不代表自己是一个不积极上进的人，反而能获得一种不用自己硬扛的归属感。

有时候用一种幽默和轻松的态度接纳自己的"丧"，允许自己短暂地做一下"废物"，将紧绷的精神放松下来，偶尔偷一偷懒，虽然会跟传统主流价值观——对成功的追逐背道而驰，但这无疑是一种对心灵的松绑，而且也会大大缓解绝大部分人目前面临的精神压力——焦虑和抑郁。

基于"丧"的联结，此时反倒具有某种归属感了，让人的心灵得到慰藉。

"丧"的出现给我们带来哪些启示

一、允许自己"丧"

当一个人被卷入快节奏的社会里，在庞大的工作和繁杂的信息里，出现"丧"是难免的。这是一种对不太正常的环境的正常反应，如果不允许"丧"，难免会陷入到更严重的焦虑和抑郁中。

"丧"可以让人们可以有一个属于自己的小空间，一个可以喘息的地方，恢复自己的节奏。

算了吧，此时我只想"放弃"一下，"放纵"一下，什么任务啊，工作啊，截止日期啊，成功啊，暂时先停一下，先放到一边，做条"咸鱼"也挺好的。

正是靠"丧"，人们跟工作划分出了边界，而不是陷入无限地满足外界要求的环境里耗竭自己。

这种"丧"，其实正是"爱自己"的表现。所以允许自己适当的"丧"，或许你会更健康。

二、分析属于你自己的"丧"

"丧"是一种情感和身体的反应，善于"倾听"这种反应，也许能帮助你理清楚一些问题，有利于自己的成长。

比如，对于一些人来说，"丧"的出现可能意味着理想化的破灭。

"丧"很容易发生在一些刚毕业的年轻人身上。他们怀着巨大的热情和理想走入社会，走上工作岗位，却发现每天都有着做不完的工作，很多情感需求得不到满足，继而会感到无力、迷茫、颓废和绝望，变得很"丧"。

一个人在逐渐出现"丧"的过程中可能要面临很多价值观的调整。

有些年轻人读书的时候，很少思考将来要过怎样的生活。工作后，依然抱有那种想法，觉得只要进入大公司、有光鲜的工作就可以。但是对于这个工作到底是怎样的，适不适合自己，并不清楚。

这时"丧"的出现，意味着你现在需要思考自己到底要过怎样的生活，这个问题其实是没法逃避的。如果我们不去主动思考自己的人生该如何度过，可能就会用旧经验来处理新问题，结果自然不会好，跟预期不符。

所以当你工作了一段时间，也了解了大部分工作是什么样子以后，就可以重新选择人生道路，不一定按照原来的道路前进。

因为你原先预想的人生规划可能根本不适合你。

对于另一些人来说，"丧"的出现可能在警示他们生活和工作的边界出了问题。

工作已经严重入侵了他们的生活，他们的精力快被工作耗尽了。此时他们需要重新划分工作和生活的边界，去重新平衡工作和生活关系。

不要指望别人会为你思考和处理这个问题，绝大部分的公司都会让你多做工作。所以你需要明确自己的边界：你可以做多少工作不超负荷，不要硬逼自己，分一些时间给生活，与更多的人联结，你可能会更有活力。

如果你还不太懂得爱自己，把自己当工具用，过分压榨自己，那么可能会引来心理和身体疲惫的反弹。

要警惕这种无处不在的投射，这是对自己最大的负责。

三、如何在一个不完美的环境里，不成为它的牺牲品

完美的环境太少了，很多环境多多少少都有一些问题，比如弗洛伊德生活的维多利亚时期，个性较压抑，所以很多人出现癔症现象。

就像过度依赖不完美的原生家庭一样，如果我们过度依赖自己所处的环境，而缺乏对环境本身的警惕和对自己感受的确认的话，我们就很容易像被原生家庭伤害那样，也被所处环境伤害。

所以，我们需要对自己所处的环境进行一下分析，这样可以

避免成为环境缺陷的牺牲品。

　　避免自己成为环境牺牲品的方式就是重视自己内心的声音，重视那种不适感。

　　很多伤害都是在让我们忘掉自己内心的声音，忽视我们内心的声音，转而去认同外界那个声音时发生的。

　　所以内心出现"不适"的声音时，不一定是坏事。就像能"丧"的人，允许自己"丧"的人，反倒可能会更健康一些，而那些不允许自己"丧"的人，可能直接就陷入焦虑和抑郁了。

　　倾听自己内心的声音并敢于承认自己内心的声音，这需要勇气，需要拥有独立的判断和思考。这并不容易，安于现状是人的本能，但生活本身可能会推着你必须面对这些问题：

　　要如何度过这一生？

　　在一个成功学遍地的环境中，如何自处？

　　在一个信息过载、工作太多的环境中，如何安顿好自己的心灵？

　　这些问题，外界没有答案，需要自己给出答案。

　　逃避是没有用的，人只要活着，就一定会面临这些问题。所以，每个人都需要重新建构自己生活的意义，并为此承担起相应的责任。

眼睛除了看向外界，更要多看看自己；除了倾听自己大脑里的声音，更要倾听自己内心的声音。要真的爱自己，那才是你对自己最大的责任。

修复依恋关系，让自己不再是
"走钢丝"的人

那些紧绷着的人

不知道你是不是这样的人，外界一有风吹草动，内心就会不安，特别容易紧张、焦虑，活得非常紧绷，像时刻警惕的战士，大脑和身体都处在一种高度运转的状态中，而不是处在放松状态中。很多时候，你会觉得生活好像处于一种"走钢丝"的境地，你要各种谨慎小心，动用各种脑力确保自己安全。

一旦遇上一些不好处理的事，你就会陷入各种操心和担心中，甚至开始失眠，整夜睡不着，就好像处在一间风雨飘摇的房子里，因为没有足够的庇护，所以内心总是不安，不踏实，觉得四处漏风，惶惶不可终日。

安全感不足的人，心无所依，似乎别人的内心是由钢筋、水泥建成的坚固的房子，而自己的内心是由一个帐篷搭建而成的，而且是一个不牢固的帐篷，随时可能面临被掀翻的危险。

内心如此不安，怎会拥有四平八稳的生活？

其实，与其每天活得像是在走钢丝绳，不如允许自己掉下来一次试试。掉下来，你可能会发现掉在地上也没事。

欧文·亚隆[1]说，人有时候需要适度冒险，去适度地尝试一些让自己感到恐惧的事、不敢做的事，你会获得很多不一样的体验。

这关乎一个人的安全感问题。我把安全感称为一个人的精神根基，小时候没有打好精神根基，安全感不足，长大了内心就不稳定，容易动摇，遇到事自然就容易紧张焦虑，还会刻意逃避，更不用说会影响和限制自身各种能力的发挥了。

那么，在关于安全感的问题上，人和人最大的区别在哪里呢？

控制带来的安全感和关系带来的安全感

一个人最初的安全感来自对妈妈的依恋，也就是说安全感源

---

[1]欧文·亚隆：美国斯坦福大学精神病学终身荣誉教授，存在主义治疗法代表人物之一。

于一种关系。这种关系的本质就是妈妈对婴儿的及时有效回应。相反，如果早期的母婴关系不够好，就很容易形成不安全的依恋关系。不安全的依恋关系就像是内心打得不稳定的地基，为了防御这种不安，人会发展出各种各样的防御方式。

这些为了防御内心的不安而发展出的各种防御方式，它们背后的逻辑都一样，就是控制。

控制的本质是对关系的无法信任和不能依赖。

当其他关系不能依赖的时候，人只能依赖自己的能力，比如要求自己必须优秀；自己必须事事精通，能力超强……这些千千万万、五花八门的防御方式背后，都是对关系的不信任，即如果我不够优秀，我就不会被接纳和认可；以及对关系的悲观态度，即他人是指不上的，我只能靠自己。

当然一个人在防御的过程中，可能会取得很大的成就，成为一个外在非常优秀的人，也会具有很强的能力，我们常常把这样的人称为"高功能患者"。"高功能患者"看上去外在的社会适应功能是没有问题的，但是他们的内心可能仍然是非常脆弱、非常紧绷、非常耗能的。

当然还有更多的人不是"高功能患者"，他们的防御方式直接影响他们对环境的适应能力。

必须要怎样，才能活下去

人在依恋关系里遭遇到的创伤，会让人在理解生命和生活的意义时，形成很多隐性的、歪曲的观念，这些观念可能是：

我必须优秀，才能被人喜欢。

我必须对他人有用，才能被别人接纳。

我必须讨好别人，别人才能喜欢我。

…………

如果做不到这些的话，"我"会怎样？

会被抛弃。在婴儿的世界里，被抛弃就等于没有了物质基础，很难生活下去。

看到了没有？这些观念的存在本身就是不安全的产物，反过来，它们又加重了不安全感，成为个人生命的一种限制和负担。

我认识很多这样的朋友，他们拼命追求优秀，不是他们虚荣，而是他们不能丧失优秀这个品质，有这个东西在，他们才觉得安全。

优秀是一个人内在安全感缺失发展出来的补偿，类似一种盔甲，人到处搜集各种材料，获取战利品，以让自己的盔甲越来越厚，但是内在包裹着的是一个脆弱、恐惧、弱小的自我。

当人无法把这种脆弱、恐惧、无助的一面示人时，他就很难跟人产生深度的关系，也就难以摆脱孤独、隔阂，获得真正的爱和真正的安全，以及放松。

用盔甲和防御跟人建立的关系经不起考验。那些建立在"我很优秀""我对你有用""我能使你开心"这样基础上的关系，都是比较异化的关系，一旦遇到"我不优秀""我对你没用了""我不能让你开心了"的时候，怎么办？

你认为自己会被抛弃，自己会失去对方的爱。内心有了这样的障碍，就会影响对关系的理解，也会更容易选择同样拥有这种观念的人去发展关系，以致造成恶性循环。

依恋的修复

这些年的工作经验，使我越来越觉得关系对人的意义很重大，不同的关系意味着不同的人生。

可以说你选择什么样的人，就意味着选择靠近什么样的观念，会收获什么样的对待，而这些观念和对待会潜移默化地影响你。

具有不安全依恋模式的人要想改善自己内心的不安全感，我的建议是去找那些具有安全依恋模式的人做朋友，或者做恋人。

当然心理咨询和心理治疗也是一种很好的选择。

具有安全依恋模式的人相对来说也会用很安全的方式来对待你。无论你怎么样，他都会接纳你；无论你怎么做，他都会给你相对稳定的回应，不会轻易伤害你，你会觉得跟这样的人在一起很踏实。

他们所建立的关系模式和内在信念本身就是对你的内在信念的一种松绑和调节，你会发现：

这个人虽然没那么优秀，但不妨碍他过得有滋有味，有声有色。

这个人从不会刻意地去讨好别人，却好像依然能得到别人的尊重。

这个人从来不担心明天和未来，看起来总是那么稳定和放松。

…………

那些具有特别多积极正向品质的人，他们的存在本身就是一种疗愈，虽然他们不一定很有成就，但是他们的状态让身边的人会感到轻松愉悦。

愿你生命中有这样的关系，也愿你能拥有这样的生命能量，继而可以把这种能量带给其他人。

认清自己，从理解你的情绪开始

别嫌弃自己

有这样一类人，他们总是用嫌弃别人、指责别人来维护自己的自尊心，以此来证明自己是好的，自己是没有错的。因为他们对自己的认识不够清晰，不知道自己是怎样的人，他们需要把坏的、不好的东西放在别人身上，才能体会到自己是好的，自己是有力量的。

能够允许自己不好的人，才能更多地体验到自己的好；越是不允许自己有不好一面的人，越是容易体会到自己的不好。因为人就是好与不好兼有的，你越排斥某部分，就越容易跟它纠缠。就像跟自己的影子作战，当你接纳了影子也是你的一部分，你就不再觉得它异常了，就更容易发挥自己好的一面了。

我们对自我印象的好坏往往来自最初养育者对我们是喜欢还

是不喜欢。所以当你在说不喜欢自己时，一定要慎重。因为这很可能不是真的，你只是在表达父母不喜欢你，而你认同了这个说法，你以为这些不喜欢是你自己表达出来的，其实未必。

就像婴儿需要不停地从母亲的眼睛里确认自己是好的一样，在心理上没有分化之前，我们会认为别人眼中的自己就是真实的自己。

当一个人没有稳定的自我的时候，当他无法确定自己是不是好的时候，他就会希望在别人的眼睛里看到别人对自己的认可。

小时候经常被嫌弃的人，容易发展出这样一种防御机制：我不要再被嫌弃。

他们会把很多能量投注在避免被嫌弃上——比如不轻易跟他人建立密切关系，不给他人嫌弃自己的机会，或者有一点感到被嫌弃就变得非常激动甚至暴怒。这些其实都是过度保护自己的反应。但是这种过度的保护又会让人走入另一个极端：渴望活在一个完全没有嫌弃，相当于无菌的环境里。这种渴望是不现实的。

现实的生活中就是存在一定的嫌弃，也存在很多的欣赏。一个人应该明确地认识到，被人嫌弃这件事在大多数情况下跟自己无关，而跟嫌弃自己的人有关。

总害怕别人嫌弃你，可能是你嫌弃自己的投射。有很多人明明嫌弃自己，却在苦苦寻求他人的认可。如果不能从心底摆脱对自己的嫌弃，认为自己是好的，那无论向外寻求多少认可都不会感到满足。

还有一类人总是不承认自己好，不认可自己，每当觉得自己还不错的时候就打压自己，这可能是另一种防御机制。

这类人的内心可能住着一个不能欣赏自己、信任自己，总觉得自己不够好的内在小孩。这个内在小孩可能有很多不被认可的经历，那些经历深深地留在了这个内在小孩的潜意识中，以至于在内心深处总是怀疑自己，觉得自己不够好，因此才会执着于证明自己。所以，如果你发现有人内心有这样的内在小孩，好好地拥抱他们吧，多给他们一些肯定。

理解愤怒情绪

总是处在愤怒状态中的人，背后可能有很多自己不愿面对的失望、悲伤和愤怒，这些糟糕的情绪都在表达"我不接受这个结果""我不接受这个事实""我没有受伤""我没有错，错的是你"。

通过愤怒，这类人保持了自己想象中的强大和完美，这样虽然可以维护自己的自尊，却一直无法看清自己的问题和真实的情况，从而让自己生活在虚假的幻想中。

放不下虚假的幻想，是因为还没有力量面对"残酷"的现实，那个现实太"痛"了，让自己太无力了。唯有忽视它，拒绝它的存在，才能好受些。

不带有敌意

当一件事发生的时候，如果你的思维中有很多这样的归因——"他就是故意欺负我""他就是针对我""他就是坏"……你就更容易跟别人起冲突。

这种对别人动机的解释，叫敌意。

当你充满敌意地推断别人时，你可能忘记了这只是你的一种揣测，当我们把别人想成不友好的人、会欺负自己的人时，就已经表明我们对对方有敌意了。而这种敌意会无意识地被对方认同，导致其真的对你不够友好。

这些都是在潜意识里发生的，而且发生得很迅速。

当你把这种敌意投射到别人身上时，往往真的很容易引发别人的敌意，从而验证你的揣测，促成这样的事实。

很多纠纷都是双方相互带有敌意引起的。别人眼中的你只代表他的投射，并不是真正的你。他心里有好的东西，投射出的就是好的东西；他心里有太多坏的东西，投射出的就是不好的东西。而这些都跟你无关。

太多的人都是想当然地看待别人，把自己的想象投射到别人身上，或者把别人当工具人，认为别人应该怎么样，这是一种以自我为中心、活在自己世界里的表现。

能听到别人说什么，领会到别人的感受是怎样的、需求是什么，是一种能力，意味着这个人能摆脱自己的视角和需求去看待别人，而不是把自己的需求投射到别人身上。当你尝试去理解别人为什么是那样的时候，你可能就会对对方少一些敌意。

一个没有自我的人，往往是别人刺激他什么，他就对什么有反应，这就很容易被人控制，失去自我，掉入俗称"激将法"的大坑。但当一个人有了自我，在遇到刺激时他就会想：我想要什么，我一定要对他有所反应吗？这种主动感就像皮肤一样，在遇到刺激时，将外界与身体隔出了一条界线，让一个人有了自我的感觉。这种自我的感觉会让人在关系里摆脱被动的位置，从而可以掌控自己的人生。

站在对方的角度看问题，保持住自我。锻炼这种能力，你会在人际关系中获得成功。

世界是如其所是，而不是如我所愿。

如其所是就是世界和他人有其客观运转的规律。如我所愿是我们渴望改变世界和他人运转的规律。

越成熟的人，越会遵循世界的客观规律，在客观规律运作的基础上，借势用力，努力但不执着。

舍弃清高

清高有时候也是一种自我防御，防御主动带来的羞耻感和脆弱感。因为不能承受主动带来的羞耻感和脆弱感，所以转为要求别人主动来满足自己，从而认为对方是一个"识货"的人。

清高另一方面也防御了和其他人竞争带来的压力。清高的人会理想化自己，同时贬低竞争者，比如认为自己很坦荡，而对手趋炎附势或者脸皮厚。

古代文人中有很多清高的人，他们喜欢标榜自己，认为"举世皆浊我独清，世人皆醉我独醒"。

他们总认为自己满腹才华，无处施展，实际上是不肯面对现实。他们的才华建立在出现"明君"的基础上，一旦没有"明君"的赏识和礼贤下士，他们就毫无办法。

实际上，指望"明君"的出现，从而给自己机会施展才华，是对自己才能的不负责任。他们指望别人为自己负责，不然就是举世皆浊、世人皆醉，这是一种自我安慰。

置身于现实中，本身就需要直面各种不完美、各种困难，要学会为自己创造条件。

清高的人可能非常脆弱，但他们拒绝看到自己的这一面，转而投射为都是别人的错。

结果就是他们虽然维护了自己的自尊和自恋，但现实中却屡屡碰壁。

不要逼迫自己主动付出

如果你的付出让你感到委屈、不爽、难过，在怨恨对方前，先问问自己："我的这种付出是对方强迫的吗？付出是不是我自己愿意的？"如果对方没强迫你付出，而是你自己愿意的，那就要为自己的付出承担责任。实在没能力付出，就先照顾好自己，不要总是操心别人。

替别人操心可以获得优越感，暂时回避自己要面对的问题，获得一种"我没问题，而是你有问题"的感觉，这实际上是在变相地夸大自己：你看我多好，为你操心，看到了你没看到的问题。

很多付出型的人很难意识到，他们的付出是潜意识里想获得认可和夸奖，如果没有得到他们期待中的认可和夸奖，他们就会抱怨别人是"白眼狼"，然后自导自演悲情哭戏，并在戏里自我感动。

在付出之前先照顾好自己。没有人逼你掏空自己照顾别人，除了你自己。你要看到内心真实的自己，是否渴望通过付出获得他人的认可，从而获得自我满足的价值感。主动付出的人，内心的价值感可能很低。

走出受虐倾向

生活中我们常常会发现，有些人，你对他们好，但他们对你很冷漠，各种挑剔你、贬低你；你对他们不好了，他们反倒来讨好你。

这些人，用心理学术语来说就是有受虐倾向。

有受虐倾向的人有两个核心点：

1. 认同了虐待自己的人的逻辑，"我不好好对你，都是因为你不好"，因此潜意识深处一直认为是自己不好才导致了被不好地对待。

2. 拼命想做得更好来改变施虐者的态度。所以有受虐倾向的人会格外对那些可能会虐待他的人感兴趣，并且执着地想要获得这些虐待他的人的认可。

一个人要走出受虐倾向，必须意识到以下两点：

1. 不是你不好，才导致他人对你不好。你不好也值得被尊重和爱，而不是被虐待。你被虐待只是证明了虐待你的人自己没有爱，并不是你的问题。

2. 不要执着地抱着幻想去改变施虐者，你没那么多能量可以改变别人。除非那个人自己想改变，不然外界很难让他改变。只要你做好了，别人对你的态度就会改变。很多时候，"你不好"是具有施虐倾向的人给你灌输的一种想法。

第三章
掌握人生主动权，大胆拒绝他人的"游戏"

别人的"为你好"，真的能让你变好吗

我曾在网上注意到一个话题——什么样的人最惹人讨厌？出于好奇，我开始浏览大家的答案，发现大部分答案都是趋同的，其中"好为人师的人"出现的频率最高。

可能大家比较奇怪，毕竟我们一直觉得别人在各个方面帮助自己，指点自己是一件好事儿。但其实我们这里指的不是那些真正能帮助到我们的人，而是那些总是无事生非的人。他们总是喜欢在别人面前发表自己的高见，无论什么事情都想插一嘴，对别人进行一番指导和教育。当然，每次他们这么做，都会给自己冠以合理的名头，无非是"为你好"以及"这样才正确"。一旦戴上这些合理的名头，任何行为都会变得肆无忌惮和"高尚"，甚至这些人会为自己的热情和心思而感动。他们从不考虑别人的感受，只剩下一个想法："我这是为你好。"一旦别人不领情，就演变成如下几种后果：

"我是为你好，难道还有错了？"——此处是占据道德制高点的委屈。

"我是为你好，真是不识好歹。"——此处是贬低别人的愤怒。

"我是为你好，出了事你就知道了。"——此处有一些诅咒别人的怨恨。

…………

你是不是会对这种"我是为你好"的人感到抗拒？本来自己好好的，却要被别人横加指责，干预自己的生活。这种"为你好"，真的能让人变好吗？这些人把自己视作真理，好似站在上帝身边俯瞰芸芸众生一样，任何事都要说几句，通过指出别人的错误来证明自己的价值。

之所以会出现这种令人嫌恶的行为，原因很简单，就是缺乏自知之明，从心理层面考虑，就是不想面对真实的自己，不敢面对现实的自己，于是给自己套上了一个幻想中的完美人设。这种自我欺骗让他们的心中不断上演内心戏：

我是老师，你是学生。

我什么都行，你什么都不行。

你要听我的，我比你强。

我才是最厉害的。

……………

好为人师的行为是可以传递的。

一个人越不想面对自己，越不想改变自己，就会越渴望改变别人，从改变别人这件事上得到慰藉。世界上绝大部分的争吵都是关于对错的。人们之所以争对错，是因为他们都认为自己是代表正确的，其实是为了维护自己的自恋状态。

自知是一种比知人更重要的能力，因为人们的眼睛都长在前面，看清楚别人是本能，但是看清楚自己不是一件容易的事。就像一个人明明家徒四壁，家人衣不蔽体、食不果腹，他却跑到大街上评论别人的打扮，这人身上的搭配如何，那人衣服的面料如何，觉得谁都没有档次，甚至还学到了一个新词——克莱因蓝①。这个人一直觉得自己比别人都高上一个档次，直到有人告诉他："你家里人快要饿死了。"

和这种人相处是一件痛苦的事情。你还要时时刻刻提防被他的语言所伤害。对这种好为人师的人，我们要敬而远之。

---

① 克莱因蓝（Klein Blue）：一种颜色纯净的蓝色。因法国艺术家伊夫·克莱因（Yves Klein）混合而成并首先得到专利而得名，与环境色在视觉对比上有着强烈冲突。

拒绝"三六九等"的游戏，
构建高质量人际关系

追求优越感充斥着我们的生活

生活中有些人很爱追求优越感，很爱跟别人攀比，并且根据心里的标准把人分成"三六九等"。或者说，很多人都因为自己的生活没有别人过得好而感到痛苦。尤其是当今社会，我们每一个人都脱离不了群体与交际，这种攀比会让人更加难受。随着所处位置的差异，处在上风的人因为优越感而飘飘然，而处在下风的人则灰心丧气。我们选择捧这个，踩那个，好似自己成了这个世界的审判官。

交易关系可以给我们带来认可和关注。但是在很多人眼里，你要想获得别人的认可，就要坐到胜出者的位置上。只有胜出者才配享受关系带来的认可，而失败者只会被嘲笑。被这种逻辑困扰的人，往往会陷入到自我价值与自我尊严双重波动的陷阱里，活得又累又无趣。我的咨询者当中不乏这种人。于是我经常会遇到一个议题——我们的价值感和自尊到底是由什么支撑的？

追求优越的背后是爱的匮乏

从小到大，我都对“世俗”这两个字充满恐惧与不理解。我在很长一段时间里不明白人为什么要那么世俗，仅仅依靠外表和一些身外之物就随便定义一个人。于是我下定决心，想过一种不一样的生活。这大概是出于一种自我救赎的心理。在这样的心态下，世界可以被构建成另一副模样。这可能是我选择学心理学的原因之一。

我以前可能没有意识到，从很小的时候起，我的自尊心就被这个世界伤害过。这种伤害源自外界的批判，所有人都在用自己的眼光对他人指手画脚。在我的成长环境里，人与人之间的界限是不存在的，因此必要的尊重也十分缺乏。“因为你不够优秀，不够成功，所以你得不到我的认可和尊重。”这种观念一直盘踞在我父母的思想里，甚至一直留存到现在。

我的遭遇并非个例。很多咨询者从小就生活在别人的阴影里，常常被父母拿来和别人比较，不是和张三比，就是和李四比，似乎要超越全世界的人才能让他们满意。因而他们并不清楚自身的价值，他们的价值感都是建立在与其他人攀比的基础上的，这也是他们自尊的支撑来源。然而，正是攀比阻碍着人们追寻自己内心真正的需求，也阻碍着人们成为真正的自己，让人们把自己的人际关系发展成竞技场，在无限的攀比与炫耀中迷失自我。这种和别人捆绑的价值，会让人们失去独立思考的意识。

爱有限而稀缺，需要条件和竞争，所以只有最优秀的胜出者才能得到爱。这大概是世俗社会运转的基本逻辑。但在我看来，真正的爱从来都不稀缺，相反，真正的爱是无限而广阔且无条件的，也从来都不分三六九等。真正让我们为爱感到疲惫的是我们的心。我们为了追求那些所谓有条件的爱，将自己置身于痛苦之中。

如果你能明白爱本来就在你心底，你所追求的认可、归属、价值，也本来就存在，或许你就可以终结无休止的攀比了。或许我们无法让别人无条件给予我们爱，也无法让别人停止把我们与其他更优秀的人来比较，但是我们可以看到自身的闪光点。只有这样，我们才不会被不断的攀比所连累。

很多小时候丧失他人尊重的人总是在寻求认同感。越是这样，越是想要战胜别人，越是看不起自己。要么自卑到无处躲藏，要么扬扬得意、目中无人。这便成了不卑不亢的反面——"又卑又亢"。他们不能够准确地看待自己，也不能准确地认识别人，同样，也无法正常地尊重自己、尊重别人。

别人好不好，跟你没有什么关系

很多人活着，就像是在为别人活着，整天批判这个批判那个。很多人一辈子都认为自己是宇宙的中心，所有的星球都应该围绕着自己转。他们觉得自己即是真理，所有人都应该信服自己的观点。

其实，稳定的人际交流在于不干涉别人的生活，而自己的生活也不要受到其他人的影响。这种关系越稳定，人们就越不会寻求别人的认可，通过在别人的世界里侵占空间来建立自我价值感。

告诉对方，我没兴趣参与你的话题

让人反感的评价式聊天

生活中有这样一群人，你和他们聊天沟通的时候常常会感到不舒服，甚至还会有压力。因为他们的话里总是夹杂着很多个人观点和批判。他们似乎并没有意识到这是主观的想法，反而觉得这是客观的真理，并且强行地灌输给你。你会感觉有压迫感，自己的意志好像被压抑了一样，而且你还没有办法反驳他们，因为对方坚信自己所理解的世界永远是正确的。

跟这样的人相处，你的内心永远会感到压抑和孤独。因为对方看上去好像每天都在和你倾诉肺腑之言，实际上他们的内心一直处在一种封闭状态。这种封闭的心里只有他们自己。

评价式聊天之所以令人反感，原因如下：

一、搞不清自己在关系中的位置

习惯评价式聊天的人并没有弄清楚自己在关系中的位置，比如与自己交流的人和自己之间的关系到底有多密切，自己有没有资格来评价那个人，等等。

当你在人际关系中对其他人指指点点的时候，其实这意味着你根本没有把自己和大家放在一个平等的位置上，而是以一种居高临下的视角来观察彼此。这算是对别人的一种无形贬低。

可实际上你真的比别人更优秀吗？你是他们的领导、长辈还是亲密无间的朋友？你真的有资格对别人说三道四吗？这些人并不清楚自己的位置，伤害别人的感情也是必然的事情。

二、有些人意识不到他自己的观点不等于真理

习惯评价式聊天的人，他们有一个重要的问题，那就是自我分化 ① 不足，不清楚哪些是自己的想法、哪些是别人的想法、哪些是现实。

他们会理所应当地把自己的观点当成所有人的观点，认为大家都认可这件事情，但实际上那只是他们自己的观点。他们是他们，别人是别人，所有人都是独一无二的。人无法改变别人的想

① 自我分化：指在内心层面个体将理智与情感区分开来的能力，以及在人际关系层面，个体在与人交往时能同时体验到亲密感与独立性的能力。

法，如果将自己的人生观强加给别人，冒犯别人，那么所有人都会感觉到不愉快和愤懑。

三、缺乏边界

一个高高在上的人自然会自我膨胀。这种膨胀的结果会导致人际交往边界的缺失，无法区分彼此的边界。他们总是操心别人，常常忽视自己，所以更加难以正视自我。

评价式聊天的人想要什么

一、手握真理的掌控感

批判别人，可以满足自己的优越感与自我崇拜心态，让自己凌驾于其他人之上。这是满足感最原始的获取方式，这也是为什么很多人热衷于八卦和操心别人事情。

二、渴望得到别人的认可和关注

每个人都渴望得到别人的认可、关注，这是我们自我价值感的来源。但人们获取自我价值感的来源是不一样的。有人强行向别人输出自己的观点，因为这是他们获取价值感的方式，除此以外，他们很少有别的途径可以满足自己。

这听起来既滑稽又可怜。说到底，每一个人的价值都是和整个社会息息相关的。但是这样的行为过于偏颇和极端，不但会让自己误入歧途，也会让其他人与你保持距离。

三、希望自己成为中心

很多人都有过以自我为中心的阶段，但是我们都知道，一个人的成长标志就是从自我走向社会。但是的确有人会深陷在这个阶段无法自拔。之所以会发生这种情况，是因为在成长中有些人得到的共情太少、镜映①太少、认可太少，以至于真正的自我没有形成。一个人只有真正拥有了内在的自我，才能摆脱以自我为中心的观念。

面对这种人该怎么办

在人际关系中，表达最容易，倾听最难。总在不停唠叨的人，其实有真正所缺失的东西。具体他需要的是什么，或者说我们需要给予他什么才能帮助他，这就非常考验倾听者的能力了。

面对滔滔不绝的人，我们不要把目光聚焦在话题的表面，而是要放在他自身上。他可能需要以下几点情感需求：

---

① 镜映是自体心理学里最常提及的概念，也是一种技术。在实际咨询中要求咨询师以语言和非语言的方式，反馈给来访者，以促进来访者去体验和探索被映照出的自己。

1. 被认可，被欣赏。

2. 被理解，被支持。

3. 被同意，缓解焦虑。

4. 受伤了，想被安慰。

在交谈中，人们很难直接说出如上的需求，甚至诉说者本人也很难意识到自己真正需要什么。

若是一个人总是在批判别人，那么可能意味着他渴望拥有人际间的影响力，渴望被认可，渴望成为万众瞩目的焦点。只是他往往是通过贬低别人、抬高自己来满足这种需求的。

那么遇到这种情况我们该怎么做呢？其实这取决于你能从他身上听到什么弦外之音。很多时候我们没有办法静下心倾听别人，是因为我们内心当中还存在更多自己的需求。

如果你和说话的人关系好，愿意哄着他、顺着他，那么你就认可、支持他的观点，让他体会到自己被重视，满足他的需求。如果你和他关系一般，或者说你并不想顺着他的话继续下去，那么你还是早早结束你们之间的话题为妙。

和童年和解，才能与他人和解

无法遵守规则的职员

我曾经有一个咨询者，他很容易在单位里和同事发生冲突，所以经常跳槽或者被解雇。来咨询之前，他在两年内已经换了四份工作，第五份工作又因为跟领导产生分歧面临失业的危险。他觉得自己不能再这样下去了，于是来找我咨询。

这个咨询者之所以辞掉第一份工作，是因为无法遵循公司的上下班打卡制度。他的考勤出现了很多"红灯"，让他的直属领导感到很不满。两个人因为这件事情闹得不可开交，最后他离开了公司。

咨询者对第二份工作特别关注考勤制度，所以他找了一份不用上下班打卡的工作。但很快他又因为其他事情和领导产生了矛盾。他经常无法完成日常工作任务，工作不但拖延而且效率低下，但对工作中遇到的难题又勤于钻研。这种加班又得不到认可的状态，让他最终被公司辞退了。

而咨询者的第三份工作也没能坚持太长时间。因为他撰写的报告不符合公司的要求，总是被退回去重写。领导认为他不服管教，而他认为自己总是不被认可、不被喜欢，满怀委屈和愤怒。就这样，两年来这位咨询者来来回回换了四份工作。

在我看来，这位咨询者根本意识不到自己潜意识里总是在挑战公司的管理和规则，与公司的领导对立并且人为制造一场场冲突，到头来却满腹委屈。

对规则的敌意与接纳

这个职场上的失败者，父母却都是高级知识分子，在大学里任教。从小他的父母就对他的教育特别上心，每一个学习阶段都给他定下明确的学习目标。可这个咨询者经常无法达到父母期待的成绩，他发现自己无论怎样努力，都不会让自己的父母满意，于是慢慢变得容易愤怒，并且开始厌恶所有主流的规则。

从这个咨询者的讲述中，我发现他对于自己各个阶段的老师都无比嫌弃。他在中学时就开始厌恶学习，不认真完成老师布置的作业。但矛盾的是，与此同时，他又非常自律，每天为自己安排学习进度，考试成绩还不错。

这样就形成了一种怪异的局面。一方面，他成了班里的坏学生，总是影响老师讲课和同学学习的进度。另一方面，他又总是能把握好正确的学习方式，并且赢得了一些荣誉。

这是一个需要靠反抗规则才能找到自我，找到存在感的人。他害怕所有的规则制定者都会像他的父母当年那样，总是制定一些遥不可及的目标。他的情绪是复杂的，既有一种绝望的自暴自弃，又有一种不服输的感觉。这也解释了为什么他一直破坏公司的既有制度，又在自己的工作上十分努力。

无法遵循规则的背后是对过往经历的恨

在武侠小说中，经常会出现一种人物。他们因为不被主流门派承认，或者曾被主流门派羞辱，于是成为与主流门派对立的人。这些人往往武功奇高，但他们有个特点，就是看不上主流门派，或者不遵循主流门派的规矩，喜欢我行我素，甚至愿意跟主流门派对抗，把主流门派搅得鸡飞狗跳。

我想起了一位相声演员的经历。他早年历经坎坷，被主流相声界拒之门外。在相当长的一段时间内，他的创作欲是跟他的"叛逆"分不开的。尽管其中部分原因跟主流相声界因循守旧有关，但更主要的原因在于他早年不被接纳的经历。后来他成了相声界里的名家，在相声界占据了一席之地。我个人认为曾经的拒绝对他内心的影响是挺大的。以前这位相声演员与主流相声界对立，他就像一个不被前辈承认的后辈。他表现得越特立独行，其实内心深处就越渴望被认可。同理，我们眼中每一个对抗规则的人，其实内心深处都是隐藏着对接纳的需求。

看见自己的不满，就看见自己对规则的误解

规则是社会群体需要的约束和制度。它本身就是一个约定俗成的结果。如果当年那位咨询者的父母能够做到就事论事，发现他身上的优点，对于他的努力给予足够的认可，那么就不会有他这么多年来对于规则如此执着的怨念了。

咨询者对于规则的对抗和破坏，本质上就是对规则不满的一种宣泄。曾经的经历告诉他，只要遵守规则，就会被规则制定者所控制。只有打破规则，他才能够感受到自己的存在。

其实，他根本没有认识到，并不是这些规则妨碍了他的成长，而是他自己的心理状态影响了他。他应该意识到是自己父母的行为出了问题，而不是所有人都会像他的父母那样严苛与无理取闹。

当这位咨询者在我的引导下读懂了自己对抗规则背后的真正原因后，他长舒了一口气。他慢慢解开了心结，认为今后可以心平气和地工作、生活，并接受这个社会的规则了。

第四章
回归自己的内心，而不是总"喜欢"被"审视"

关注自己想要什么，而不是别人的评价

害怕别人的评价

总是过于在意别人的评价是生活中困扰很多人的问题，也是让很多人苦恼的问题。

因为总是过于在意别人的评价，所以便试图控制别人的评价，并且害怕别人对自己会有不好的评价，因此活得唯唯诺诺、患得患失，惴惴不安，总是揣测今天的行为有没有让别人觉得自己不好，每天内耗非常严重。

更严重的是，有的人见了人习惯性地点头哈腰，时间久了，整个人比同龄人苍老得多。

有的人面对不了别人对他的负面评价，因此陷入跟别人的纠缠中，忙着自证清白，或者愤怒于"你怎么可以这么说我"，恨不得堵住别人的嘴，严重时可能因为别人的一句话而愤愤半生，非得让别人把负面评价改过来。

有的人认为自己的好坏会因为别人的一句话而改变，别人说自己不好，好像自己就真的不好，好像自己的好与不好不是由自己说了算，而是由别人说了算一样。

因为别人的一句负面评价失去了自我的判断，真可谓是最被动的人生了，别人无意中的一句话就像一块巨大的石头一样砸中了自己的生活。

是谁赋予了这句话如石头一样的分量？

毫无疑问，是自己。那些很在意别人评价的人正是如此。

为什么有的人那么在意别人的评价

一、没有形成稳定的自我评价，不知道自己是谁

人们之所以过于在意别人对自己的评价，是因为他们认为别人评价中的是真实的自己，并不懂得别人的评价只代表别人的看法，是别人的一种投射。这是一种在心理上未分化的表现。

婴儿最初是不知道好与不好的，他需要从妈妈的眼睛里来确认。如果妈妈的眼睛里闪现着快乐、满足和笑意，婴儿就会认为自己是好的，是没问题的；如果妈妈的眼睛里闪现的是抑郁不

满、愤怒冷漠的东西，婴儿就会认为自己是不好的。

此时妈妈的表现被婴儿作为感知自己是好是坏的一部分根据，因为婴儿不知道自己是谁，他要从妈妈的眼睛里确认"我是谁"。

此阶段的婴儿分不清楚哪些是自己的东西、哪些是妈妈的东西，这就是心理未分化，自身的一些功能依赖外界承担，比如说评价功能、解读功能。

如果妈妈能够看见婴儿，并且持续地给他反馈，比如"你真是个好宝宝，宝宝你会翻身了，宝宝你睡醒了"之类的，婴儿逐渐就会有了"我"的概念和"我"的感觉。

在心理上凝聚成"我"的感觉，对一个人来说很重要。这意味着内化了基本的安全感和稳定的自我评价。

也意味着"我"知道"我"是谁。

"我"知道"我"是谁，在面对负面评价时，"我"就不需要去辩解"我"是谁。

"我"知道"我"是谁，就不需要再到别人的眼里去寻找和确认"我"到底是谁，"我"是不是好的，"我"是不是有问题的。

很明显，很多人过于在意别人的评价，是因为他们无法找准自己的定位，不知道自己是好的还是不好的，不知道自己是否有问题。

他们一直认为自己的好坏是由别人说了算的。

因此也就必须依赖外界评价。

没有凝聚成"我"的感觉，一是因为自我感受和需求长期没有被看见和确认过，所以不知道"我"是什么感觉，没有那种体验；二是因为可能总是在围着别人的感受转，比如围着妈妈的评价转，好坏由妈妈说了算，无法相信自己的感受，认为自己是不可靠的，只能依赖别人才能不犯错，才能成长下去。

这种人虽然外表已经长成大人了，但是心理的某些部分还停留在婴幼儿期，感受和需求缺乏被看见、被理解、被确认，甚至总是不被认可，以至于一直在寻求认可，寻求"你是个好孩子，你做得够好了"的夸奖。

有的人都已经做家长了，还在努力地寻求别人的认可："为什么我为这个家做了这么多，却没有人认可我？"

这依然是一个孩子的逻辑水平，就是把认可的权利交给外界，认为只要"我"做到什么样了，外界就应该怎么样。

如果外界没有如他所料，他就会感到迷惑。

但是成熟的人都应该知道，这两者关系不大。能不能获得认可不取决于你做得多好，更多的是取决于对方有没有看见并认可你的能力。

如果他没有这个能力，你做得再好，他也看不见，也不能认可。

意识到这一点，你就会客观地看待别人的评价，从而不再依赖别人的评价。

二、经历过太多负面的批评

一个成长过程中经历过太多负面批评的人，形成的自我认知是自己很差、很不好，这种想法是有问题的。这种人很容易发展出一种保护自己的防御机制，就是避免类似的痛苦再次发生，也就是避免再受到任何批评。

想象一下，你的一条腿曾受过很多伤害，虽然现在外表良好，但是里面有很多旧伤。而另一条腿，没有受过什么伤害，非常健康。现在它们同时承受一次敲打或者滑倒，结果一定是那条有旧伤的腿疼得更厉害，一点微小的伤都可能让你痛不欲生，因为外界的刺激触发了它内在的旧伤，而健康的腿疼得就没那么厉害，甚至可能疼一会儿就好了。

有的人长大后变得像刺猬，浑身带着刺，受不了一点的批评，不然情绪就会变得非常激动。这是因为他心里旧伤多，潜意识里压抑的愤怒和委屈也多。如果你不小心触怒他，他会把积攒的所有愤怒和怨恨一股脑儿全倒向你。

做管理的人会经常面对这样的难题，部门里有个员工，很难管，批评不得，一批评就跟小猫受到威胁一样，瞬间炸毛。

不要害怕，这只是一个内心受伤过多的员工。对这样的员工，就要少用批评这种管理策略，多给予鼓励。

如何改变自己

一、确认自己的感受，确认自己的需求

很多朋友跟我反馈，自己进行一段时间的调节后，会有这样的感觉：遇到事情的时候，他们会首先关注自己的感受、自己的需求、自己的判断，而不再盲目地盯着别人怎么想。在别人发表想法的时候，他们会问自己是怎么想的。

有了这种对自己的感受、需求的感知，以及学会区分别人的反馈，很多人觉得自己仿佛有了防弹衣，别人的评价、说法不再那么容易伤害到自己了，因为他们开始明白，别人的说法只代表别人，而他们有自己的感受和看法。

能够看到并且信任自己的感受、看法，这本身就是摆脱别人感受和看法的第一步。

在很多依赖外界评价的人那里，自己的感受、看法常常是被他们所忽视和怀疑的。因为忽视，所以他们总是看不见自己；因为不信任，所以他们无法赋予自己力量。但这并不代表这些感受和想法就不存在。

即便是最压抑、最忽视自己感受、想法的人，也会渴望被看见，只不过很多时候，他们是通过疾病或不舒服的形式体现出来的。人的语言只有一种，但潜意识的语言有很多种，心理障碍、躯体疾病、人际冲突等，可能都是在诉说你没有看见的那部分，就看你能不能好好地倾听自己的内心，解码这种无声的诉说。

"我"形成的前提是体会到、看得到自己的感受、需求和渴望。

二、你要看见别人评价的背景

过分在意别人评价的人在对待别人的评价时，根本不会考虑对方是个怎样的人，有什么样的人格特点，以及他有没有能力给出正面的评价。

比如有的人本来就是"杠精"①，你却非要获得他的认同，让他不要和你抬杠，以至于跟他争论不休，那么，他有"病"，你是

---

① 杠精：网络用语，指爱唱反调，争辩时故意持相反意见的人，他们会通过这种行为获取快感。

不是也要好好检讨下自己？有的人本来就很势利，你非要让他真心待你，那岂不是很难？

审视一句评价背后的整体因素，你就会发现很多人根本不是在针对你，而是他本身就是一个喜欢评论别人的人，或者善于搬弄是非的人。如果因为这样的一个人说出的话而苦恼，那岂不是太不值得了？

跳出这个局限的视角，全面审视别人对你的评价，你会发现，有些评价根本不可取，你若因为某种评价而辗转反侧就太不值得了。

三、明白自己控制不了别人的评价

别人怎么评价你取决于他，这个不受你控制。你能做的，是认清真实的自己。

你需要的是给自己交代，而不是给别人交代。

四、多问自己，我要的是什么

你想要什么，决定了你会做出怎样的回应，而不是根据别人的评价做出自己的反应。这是很多害怕别人评价的人成长后最大的感悟。

"以前在公司很害怕领导、同事怎么评价我，现在更关注我要的是什么，我要怎么反应。"

"以前很被动，现在明确了我想要什么，才觉得自己的人生有了主动权。"

…………

是的，明确你想要什么，决定了你会怎么应对外界的评价。这就是反客为主的艺术。

五、与那些支持、认同、理解你的人联结

完全不在意别人的评价很难做到，毕竟人都有脆弱和迷茫的时候。人在脆弱和迷茫的时候，很容易在意别人的评价，渴望依赖别人，渴望从别人那里获取认同感，这都是非常正常的。

所以我们在日常的沟通交往中，要明确和建立一些良好的人际关系。这些良好的人际关系，能够在你脆弱和迷茫的时候给予你力量和关怀，这些人给你的评价往往也都是比较有益、比较可取的。

真正理解自己的人给予自己的认同和评价，也会使自己在很大程度上减少盲目地在意他人对自己的评价。一个人盲目地在意别人的评价，也可能恰恰反映出他身边缺少能支撑他、看见他、

滋养他的高质量的关系。

　　一生难得一知己，一旦拥有便有了对抗世界的力量，说的就是这样的关系吧。

　　就算没有也没关系，你还有很多时间去寻找。或者你也可以尝试去咨询，在一段滋养型的关系里，看见自己，疗愈自己，内化出一个稳固的自己，以迎接外界的风风雨雨。

我同样也可以不喜欢你

在日常生活中，有很多人在自己独处的时候很舒服，怡然自乐，但只要一和别人交往，就会不由自主地过于关注自己的表现，生怕自己哪里表现不好，哪里出了错误，惹人不喜欢，甚至会不经意地揣测对方的想法。

有次朋友生日聚会，大家聊得很开心。但在回家的路上，同车有个朋友在一旁看手机没有说话，朋友小董就有点紧张起来，并且开始胡思乱想：他怎么不说话一直在看手机？明明在聚会上大家聊得挺好的呀，他是不是不喜欢我呀？小董开始有些不安，就给我发信息："要不要说点什么打破一下沉默？""他是不是对我有意见？""难道我吐槽太多了，所以他不想再和我聊？"

小董就这样苦恼了一路，直到回到家。本来聚会挺开心的，但这一路的不安和胡思乱想，弄得小董筋疲力尽，身体上和精神上都格外疲劳。

其实很多人都会有类似的困境：一旦所处的场合安静下来就会情不自禁地觉得尴尬、紧张和不安，不自觉地会从自己身上找原因，生怕别人讨厌自己，以至于不敢做自己，没办法释然，弄得身心疲惫。

那怎么办呢？

针对这个问题，《被讨厌的勇气》一书中提出了一个非常有智慧的方向——"课题分离"。简单理解就是，分清楚这件事是属于谁的事情，谁就去负责。如果你不喜欢我，是你的事，我控制不了；而我要怎么活，是我的事情，你也管不着。

一个人要活出自我，就要大大方方地接受自己身上有令人讨厌的部分。"别人讨厌我没关系，我不理他就好了。"但在我认识的朋友中，能做到课题分离的人很少。可见，接受别人的讨厌、坦然做自己，是有难度的，要看以往自己是否曾被笃定地喜欢和认可过。

小董后来在和我沟通时提到这样一种感觉："我很难接受别人讨厌我。一旦知道有谁讨厌我，我就会很难过，觉得自己是一个很糟糕的人。我总需要确认别人喜欢我，才会觉得安心。"这种"寻求确认"的感觉，一直伴随着他。

小董从小在父母面前，一直努力变得优秀，希望被父母夸奖；长大后在各种人际关系里，他也习惯去讨好。讨好朋友，讨好上司，希望他们能喜欢自己。

所以如果周围有人对他不满、对他态度很糟，小董就会紧张起来，陷入一种被动和不安里，怀疑自己很差劲。

这种执念，很多时候来自小时候不被认可。

小董说，自己从小就很少体会到被他人喜欢的感觉，相反更多的是嫌弃。

父母的反应总使他有这样一种感觉：再怎么做，自己都不够好。

像他这样的孩子，由于得不到认可，无论怎么做，父母都会挑他的不是，他经常陷入无助、愤怒、没有安全感的状态里。没办法从父母那里获得安全感和认同感，这导致小董一直没办法肯定自己，只能根据别人的反应做判断，没办法做到课题分离。所以他的内心经常是慌张的、不确定的。

为了抵御这种难受的心情，小董一直在寻求认同，并且对于"被讨厌"感到敏感和无力。从他身上我们可以看到，具备课题分离的能力是有前提的。前提就是，这个人在早期的成长中得到了想要的心理营养，从父母的眼睛里看到了满意、喜欢和认可。

所以，总是在为别人喜不喜欢自己而患得患失的人，必须认识到，你想得到外界确认的需求，可能是小时候没有从养育环境里获得足够的认可和喜欢，没有认同感导致的。而且很可能你在潜意识里更认同你父母的态度——我不讨人喜欢，我不够好，所以才需要外界的长久性的喜欢来证明自己足够好。

当一个人需要不断从外界得到认可时，很可能会引发一个后续行为：控制。

无论是讨好、变优秀，还是猜测别人的想法并急于解释，这些都属于控制性的想法和行为，目的是让对方喜欢自己、肯定自己。小时候，一旦察觉到父母不喜欢他、不认可他，他就会感觉到很无助，为了获得认可和安心，他会用尽不同的方法，执着地想要讨好、改变和控制父母的态度。一直执着地让别人喜欢自己，正是与父母关系里未解决的情结的延伸。因为潜意识的情感是不认人的，只要碰到当初跟父母一样不认可自己的人，它就自动默认为这是当年未完成的任务，强迫自己要去完成它："我必须改变你，让你变得喜欢我。我都做得这么好了，你为什么还讨厌我？"

其实这些话都是对自己的父母说的。不管这个人是不是已经为人父母，不管时间过去了多少年，即便他早已不再是当年那个幼小的孩子，对方也不再是"铁石心肠"的父母了，但是，当初自己内心那无助感还是会被触动到。

所谓解铃还须系铃人，我们要意识到，正是因为自己当年太受伤了，所以今天才会如此执着地不放过这些讨厌自己的人，也执着地不放过自己。

自己没有从父母那里得到足够的认可和喜欢，这是情结的缘起。要想解开这个情结，需要我们直面这个遗憾，承认也许一辈子都得不到父母的认可，也许一辈子都得不到某些人认可的事实，并且发展出"自我的想法"。

没有被好好对待，确实非常遗憾，委屈、悲伤、愤怒，这都很正常。要允许自己把压抑的愤怒和委屈表达出来，同时也要看到父母的局限、周围人的局限及自己的局限。

"课题分离"是阿德勒心理学中的重要部分，也是一个人走出婴幼儿的自我中心，完成人格成熟的重要一步。

当我们还在执着地渴望从他人的眼里获得认可时，意味着我们尚未掌握一项技能：拥有对自己的判断和对自己的认可。

一个人如果不去练习拥有自己的看法、自己的判断、自己的感受，他就永远不能拥有自我。

痛苦的一大根源在于无法从自己的感受出发去做事，而总是以别人的感受或别人的看法为中心去做事。有的人看到别人发任何信息都要问，我该怎么办？那是因为他在看信息时不能从自身情感去体会对方的话，而是想着如何回复对方，令对方认可自己的观点，喜欢与自己沟通。

　　一个人封锁了自己思考和自己获得答案的通道，认为所有的答案都在外界，在别人那里，而他只需要被告知如何做，按照别人的建议做就可以。这是完全错误的。

　　一个人如果不构建感知自己内心的能力，他可能很难会有自己的判断和思考。我们需要对外界的信息有独立思考的能力，这是一种边界意识，也是一种自我保护。如果缺少这种意识，就好比人没有皮肤，那就很容易让外界各种各样的声音、思想、情感直接侵入自己的内心，甚至控制自己的情感和想法。在这种情况下，人会很容易受伤，并且很容易被操纵。

　　缺少边界意识，实际上就是缺乏自我。一个人从来没有把自己放在一个成年人的位置上，而是把自己放在一个孩子的位置上，试图让所有人来认可自己，就是缺乏自我。缺乏自我的根本原因是过于依赖外界或他人，抑制了自己独立思考的能力。

　　练习拥有自己的看法和判断，关注自己的感受和需求，并为此承担责任，如此才会逐渐拥有自我。只有当我们拥有自我之后，才能意识到哪些是自己的看法，哪些是别人的看法。这就是课题分离。"不想被人讨厌"是自己的课题，但"别人是否讨厌我"是他人的课题。

　　你不是为了满足他人的期待而活；同样，他人也不是为了满足你的期待而活。

这个世界上，没有任何一个人可以得到所有人的喜欢，就像一道菜，不可能得到所有人的喜爱。

但这不代表你不好。比起别人如何看待你，你更应该关心自己的看法和感受。

希望有一天，我们每个人都可以大大方方地面对别人的讨厌：我就是被他人讨厌也没办法，这并不是我的课题。如果你觉得苦恼，那就成了你的课题。

同样，你也拥有讨厌别人的自由。不要害怕互相讨厌，也不要强求互相喜欢，关系就轻松了。

正视自己内心的需求，从正面沟通

关系别扭与需求表达

上小学的时候，我的同桌是个很调皮的男孩子，特别喜欢"把我弄哭"。具体表现在，要么就是抓很吓人的虫子放在我的文具盒里，要么就是当着很多人的面揭我的短，平日里拉我的辫子、拽我的书包都是常事。每次看到他，我都莫名地感到害怕，会产生很大压力。

长大之后，在梳理这部分经历的时候，我发现我很难去描述这段经历给我造成的影响和伤害。我曾有很长一段时间厌恶我的那位同桌，但更厌恶那时的自己。

但其实我的同桌并不是一个很坏的人，也不是一个很糟糕的人，我的同桌私下里其实对我很好，我在功课上有不会的问题他都很爽快地帮我讲解。在学习上他也是一个很出色的人，能力很强，后来在工作上也取得了很好的成绩。

直到最近，再回忆起这段往事的时候，我似乎才弄明白当时他为什么会那样对我。那是因为我们两家住得很近，父母也都认识，他是想跟我亲近，想拉近关系。

青春期的很多小男孩觉得一个女生很可爱、很好玩，想跟她亲近时，就会用破坏性的捣蛋方式来表达他们的喜欢。

但是这种方式令当时的我无比反感、恐惧。

后来我想，之所以我后来一直对这个同学很冷淡，是因为他表达需求的方式常常让我难以理解。

正视自己的需求是一种正义

我小时候性格比较忸怩、害羞，面对社交场合总是选择逃避。

我妈妈很喜欢落落大方的孩子，最讨厌我扭扭捏捏的行为。不论是逛街买衣服，还是家里亲戚聚餐，我都不太善于在人前表达自己的情感，也不太善于发表自己的想法，因此没少被妈妈数落，她经常挂在嘴边的话就是"这孩子胆子小得很""你看某某某在大人面前大大方方的多好，你看你，恨不能缩在房间里不出来"……从小被她数落惯了，导致我越来越胆小，越来越不敢表达自己，也不懂得自己内心真正的需求。有很长一段时间我都会刻意回避跟人打交道，变得非常退缩，完全没有办法做一个大大方方的人。

学习了心理学后，有很长的时间我都在想，什么叫大大方方？什么叫忸怩？我发现这两者最重要的区别就在于有没有切实地表达自身需求，堂堂正正地展示自身存在。确切地说，应该是对于自身需求是不是有一定的确定和自信。

我小时候之所以很忸怩，是因为我从小生长的环境并没有给我这种对于自身认可的确定感。相反，我的妈妈总是在传递"你很不好""你不如别人家的小孩"的信号，她总是在表达对我的不满，总是强调我是一个如何糟糕的小孩。

当一个人不能确定自己到底是好还是不好的时候，不确定自己身上也有值得肯定的东西的时候，他就没办法大大方方。因为他内心对自己的性格充满厌恶，严重时甚至会对自己的存在充满羞耻感。这样的人，又如何能光明磊落、堂堂正正地表达自己的需求呢？

或许，他都没有一个机会和空间去正视自己的需求。

不被支持和认可的人很难有底气面对自己的需求，更不用说把它大大方方地说出来。

当不能大大方方地正视自己的需求时，我们的潜意识就会用很多伪装的方式来表达这种需求。

　　比如，用指责、不满来表达自己渴望被认可和重视的需求；用"我是为你好"这种说法，来悄悄满足自己的需求。很多人擅长用这种方式来索取自己的心理营养，是因为在众多伪装的方式中，这可能是对自己最无害而又收获最大的一种。

　　一方面因为指责、贬低别人，能让人避免体验因需要别人而带来的脆弱感，避免自恋受损，同时能体验到"我优于别人""我没有错"的清白感和优越感，大大增加自恋程度。另一方面，还可以把自己因为期望或期望落空所承受的压力转嫁到别人身上，让自己的内心感到轻松。

　　很多父母都是这方面的高手，比如，有的父母放弃追求自己事业上的成功，但千方百计地要让自己的孩子成功。他们把所有的精力都用来培养孩子，时刻关注孩子的一举一动。这样的父母最常用的口头禅就是：

　　　　"我这一辈子都是为了你。"

　　　　"为了你，我是多么操劳。"

　　　　"为了你，你看我放弃了多少？"

　　　　…………

　　孩子被道德绑架，被架到必须成功的十字架上，后退不得。

孩子有时也会觉察出这种关系有些别扭，但是他们很难说出别扭在哪里。潜意识里他们可能缺乏做事的动力，或者无意识地通过搞砸某件事的方式来表达他们对这种绑架的愤怒。

父母把自己的人生寄托在孩子身上，用孩子满足自己的需求；不愿意承认自己对成功的过分渴求，但自己又是个胆小鬼，不愿意承认自己在追求成功路上所遭遇的失败。

不愿自己的自恋受损，便总是绑架他人。这当然是一本万利的方式：自己什么都不用负责，只需要提要求就好了。

这样的人发展到极端就会患上自恋型人格障碍，他们无法正视自己，对自己有无限夸大的认知，只是保持这种自我认知总是通过否定外界、贬低他人来实现，无法跟他人建立平等的关系，只能建立剥削型、操控型的关系。

自恋和自卑是一对双胞胎。对外表现出的自恋，其本质往往是对自卑的防御；外在看上去的自卑，内心往往隐藏着渴望，渴望自己无所不能的自恋。

如果自恋的人能够正视自己的表现，就会发现导致他如此自恋的正是他深至骨髓的自卑，他或许因此有希望走出这种泥沼，不至于成为一个人格障碍患者——人人避之不及而自己却要不停欺骗自己：我很好、很厉害，也很优秀。

大大方方地表达自己的需求是一种能力

上面提到了，我小时候是很忸怩的。那我又是从什么时候变得不忸怩的呢？

从我正视自己的需求开始。

正视当年我妈妈说的那些话给我造成的影响，我有多么不认可这些话，我对这些话就有多么愤怒。

正视我对别人和别人对我的赞美和认可。

正视我作为一个个体，真实的自己是怎样的，包括我的身高、长相、内涵、外在、家境，以及能力。

正视我对成功和金钱的渴望，以及希望得到别人重视的渴望。

正视我本质上有多么世俗的一面，而不是极力否认自己糟糕的一面。

正视我的担心和我的恐惧。

…………

实际上，我之所以很忸怩，是因为在家人面前很难真实地去表达自己的需求，而家人也同样不表达他们真正的需求。比如我的妈妈希望我能大方一点，善于交谈一点，能在家庭聚会上给她争光，来弥补她在人际关系方面的欠缺，但是她不愿正视这一点，也不愿好好表达她的需求，却给我的行为贴上很多标签，把她在人际关系方面的焦虑投射到我身上，从而一味地批评我、指责我。

当我一点一点建立自信，确信自己是好的，是没有问题的，然后慢慢去了解别人背后的情感需求，知道对方并不是觉得我很糟糕，只是希望我能够做得更好以后，也慢慢开始去表达自己的需求，大大方方说出自己的内心感受。

有谁天生是忸怩的呢？我们每个人都希望得到他人的认可和赞美，希望可以得到他人认可，希望被接纳，这是根植于所有人内心深处的渴望。所有的生命都渴望被看见，如果没有得到，就会一直想要。如果实现的过程总是受阻，就会在潜意识里通过一些伪装变形的方式来变相满足自己。但是这些方式很多时候似乎很难被人识别，所以自己得到满足的机会也大大减少了。

用恨表达爱，用不满表达亲近，这种方式并不可取，很少有人能接受这些方式，也很少有人愿意接受这些刺人的"亲近"。

所以如若你感觉你和别人关系别扭时，先自我审视一下，是不是因为自身别扭导致了关系不通畅。当你把自己理清了，外在的关系也就理清了。

敢爱敢恨，成为一个能够表露情绪的人

建立顺畅关系的能力，就是敢于表达爱恨情仇的能力

绝大部分的心理问题，都是由于和外在的关系存在问题引起的。能不能在关系里感觉舒服，对一个人的心理健康影响重大。有一个经常被我们忽视的因素，极大地影响着关系的舒适度，那就是我们是否能将自己的真实情绪在和别人的交往中真实地表达出来，尤其是负面情绪。

拧巴的情绪表达，才是造成我们关系不快、内心困扰的重要原因。比如，当和朋友在相处中发生不愉快时，如果当下可以把自己的不悦情绪好好地表达出来，就会好很多，并且有可能获得理解和尊重，实在合不来就算了。但这时很多人往往会选择憋着，有什么不满也不一一表达出来，从而心生怨恨，由此心里不痛快，和朋友的关系也变得糟糕和疏远。当亲密关系发生冲突时，当不能有效地表达自己的情绪，尤其是不满时，就会口出怨

言，伤害到对方。

总而言之，一个人建立关系的能力有问题，基本上表现为这个人不能顺畅地、真实地表达情绪，产生了淤堵。因为淤堵，情感无法流动，随处乱发泄者，表现为脾气大；而不善于发泄者，则会埋在心里，长期得不到舒缓，就会导致抑郁，焦虑，或者躁狂，甚至破坏掉当前的关系，有的人还会出现如失眠、胃痛，甚至更严重的身心失调的症状。

为什么有很多人无法在人际交往中顺畅地表达情绪呢？

不能表达情绪的背后，隐藏着几种恐惧

人无法真实地表达自己的情绪，大多是因为在这件事情上吃了苦头，对自我表达产生了恐惧。这些恐惧大多产生自人们最初的人际互动，也就是跟养育者的互动关系。因为在这些互动中有了几次受伤的经历，慢慢变得恐惧，并把这种恐惧的感觉带到了其他关系里。那么我们究竟在恐惧什么呢？不同的恐惧，对应着不同的创伤经历。

一、不敢表达愤怒和恨，是因为曾经被报复

很多人在小时候会对父母的指责不服，反抗后，结果迎来了父母更大的指责。有一位朋友回忆小时候最令他感到害怕的一次

争吵，当时他直接被父亲推倒在地，还被踢了好几脚。因为这种凶狠的惩罚，这个朋友从此之后再也不敢反抗父母了。

父亲的那次报复式惩罚，成了他的噩梦。长大后在所有的关系中，他都不敢跟人起冲突，害怕表达不满后会被别人伤害。在他内心，把别人惹生气后，别人会对他大打出手，而他如蝼蚁一般弱小，所以只能选择忍气吞声。

二、不敢表达不满，是因为害怕被抛弃

很多父母都喜欢用"恐吓"这一招来管教孩子。如果孩子对某些东西或要求表示不满，父母会用"不理你"或者"不要你"，甚至"不给你饭吃"这种类似的话来惩罚孩子。在孩子的心里，他们是很害怕被父母抛弃的。

这种威胁让他们不敢表达自己的不满，只能乖乖听话或者讨好父母以求得不被父母抛弃。这种人在长大后非常害怕关系破裂。关系的破裂对他们来说就像被抛弃了一样，因为害怕被抛弃，所以只能小心翼翼，不敢表达自己真实的情感。

很多不能表达自己情绪的人，往往对情绪有非常负面的认识。父母对他们的影响，除了会使他们害怕关系破裂，还会让他们对这样的父母形成反方向的认同：我一定不能成为像我父母那样的人；我一定会处理好任何关系，绝不轻易发泄情绪，引起冲

突。他们过度要求自己，从一个极端走向另一个极端，不允许自己因情绪而引起矛盾，拒绝自己有各种情绪的波动，活得非常理性。他们用极端方式来表达童年时积攒的对父母的恨意，认为只要自己这样做了，就会远离早年的痛苦，从而保护自己。

事实上，隔离自己的情绪让他们的内心变得空洞，生活容易陷入无意义的状态中。更多的时候，他们会发现，尽管不让自己有情绪，但其实自己早已被一些说不清楚的低落的情绪包围，内心就像一潭死水，感到空虚、麻木、堵得慌。以上三种心理过程，涵盖了一个人不能在关系中表达自己的主要原因。那么父母为什么会抑制孩子的表达呢？背后是他们自身的内心匮乏。

恐惧的背后，隐藏着父母的两种内心匮乏

一、父母无法接受孩子表达负面情绪和带有攻击性

一个真实的人，包括孩子，都带有正常的攻击性，这是一种自我保护的本能反应。当他感觉不舒心了，或者内心受到了伤害，会像其他动物一样，表达不满或者做出攻击。

而作为小孩子，这种不满或攻击往往是毫不掩饰的，没有被压抑的，所以他们会表达得很明显。例如哭闹、骂人，甚至想打人。但是如果养育者自己的生活处理不好，或者自我认同有问

题，养育者可能就会把小孩子表达不满或攻击的行为理解为一种新增的麻烦，就会表现出慌张、愤怒，严重时会觉得生活有些失控。

为了免遭这种糟糕的感觉，养育者就会用各种方式来压抑孩子的攻击性表达。例如忽视、不回应或粗暴回应等，要求孩子听话、乖一点。但如此一来，孩子的真实情绪就被压抑住了。

二、孩子承受了强烈的攻击性，丧失正常的关系体验

有的养育者不但无法承接孩子的正常攻击性，并且对自己也有大量的攻击性。这源自他们自身的情感匮乏，无法满足自己。例如自己赚钱不够多、自身不够优秀、不够体面等等，导致他们很容易向孩子索取，希望孩子学习成绩好、各方面都很优秀，以此来满足自身的缺憾和需求。如果他们的缺憾和需求无法得到满足，就会愤怒地批评孩子，或者贬低孩子。此时孩子幼小，没有足够的阅历和知识做判断。所以他们会很容易认同这些来自父母的批评，会觉得自己可能真的很差，然后表现出刻意地讨好父母，围着父母的需求转。这样一来，孩子就在关系中丧失了自己的主体性，自动沦为被剥削和自我贬低的一方，变得要么讨好，要么逃避。这种体验，会迁移到孩子日后的其他关系里，使得他们在大多数关系中都在迎合他人、避免自己受伤，更别说表达自己了。

情绪表达和关系修复的关键

创伤在关系中产生，也只能在关系中修复。愤怒和怨恨本是人的正常情感，因为小时候自己没有被认可、被接纳，所以性格越来越忸怩，让人不敢触碰，导致情感无法流动，憋得自己情绪不健康，关系也不顺畅。

所有的后果都在提醒我们，要去了解自己，打开那个不通的点，疏通那个淤堵的点，释放被恐惧锁住的真实情感。

很多在亲密关系中很"作"的人，在跟外界的关系中往往非常懂事，他们只跟亲密的人"作"，表现为很难伺候。其实这是他们潜意识中的创伤在寻求修复和治愈。只是这种"作"的方式很难被意识到，所以就很难被他人理解，还容易导致新的怨恨。但一旦对方有能力意识到他们潜意识中的创伤，并试着去理解和接纳他们，他们就会被治愈。

就像电影《哪吒之魔童降世》中，哪吒一出生就哭闹搞事，当他的妈妈抱着他的时候，他用力咬了妈妈，却发现妈妈忍住了疼痛，温情地抱着他，于是他就安静了下来。这种例子并不少见。例如我们经常看到的，一个人遇到一个温暖的伴侣之后，就会变得平和了不少。当然这在生活中是很难得的，但我们也要有勇气表达自己，把自己的情绪郁结打开。

承认真实的对方，关注并改变自我

看不见别人是因为自己内心太匮乏

我有一对朋友，他们的婚姻一直不太顺畅，两个人总是吵架，更多的是妻子对丈夫的埋怨和不满。一旦给了妻子开口的机会，她就会持续不停地埋怨丈夫：你怎么那么懒啊；什么都做不好，我能指望你什么；下班天天那么晚，也不注重节假日，从来不给我送礼物……更过分的还会说丈夫如何差劲，如何对不起自己。

可是当你问她，对方这么糟糕，你为什么不离开对方时，她又根本不想离开这个她嘴里觉得如此差劲、如此糟糕的人。

在一起问题不断，两个人都很痛苦；而离开吧，又放不下，左右难受。用两个字形容他们的关系——就是纠结。

纠结是一种心理发展水平分化不清的表现，简而言之，就是分不清你我，分不清哪是自己的事情，哪是别人的事情。

说得更深一点，就是纠结的人想要的是得到内心的满足，这样的人都有一个核心诉求，即要改变他人来满足自我。

"他为什么是那个样子的啊。"

"他不应该是这个样子的。"

"他不是应该这样吗？"

"为什么他就不能改变一下呢？"

…………

这里有一个需要强调的核心观点——看见并接受真实的对方。

在日常相处中，有些人总是拒绝接受看见、拒绝接受对方真实的样子，他们只是一味地想让对方改变来满足自己，成为自己想要的、期待中的那个人。

他们看不见真实的对方，看不见对方在生活中真实的样子，只是一味地抱怨。但在这些背后，更重要的是他们也看不见真实的自己，在他们所抱怨的事情里，虽然全都是对方身上的毛病和缺点，但抱怨后面的情感诉求都是自己的情感需求，落脚点都是自己。他们看不见自己的情感需求，才会迫切地希望别人能够做出改变，成为自己理想中的样子，更好地对待自己，给予自己更多的温暖和爱护。

那如何改变这种状况呢？

看见自己的关键是：和你的感受及需求待在一起

看见自己的关键，是了解自己的情感需求和真实感受，并有能力和自己的需求和平相处，自己能够处理和消化情感需求和真实感受。

一、别把自己的感受和需求转化为别人的问题

后来我找机会跟我那个女性朋友坐下来进行了深入的交谈。我问她，你整天嫌弃对方，是想获得什么？如果你不指责他，你会有什么样的感受？

过了好一会儿，朋友才支支吾吾地说："如果不指责他，我就会很难受，我就会指责自己，因为总觉得自己不够好。"

这就是一个把自己的感受和需求转化为别人的问题的典型例子。

实际的需求是自我觉得很差，自己不满意自己，自己需要一些他人的认可和赞美，自己没有安全感。结果呈现出的现象却是对方为什么要这样，为什么造成这种情况，为什么把一切弄得很糟。因为对自己很不满意，所以对现状、对周边的人就更不满

意，随之表现出来的都是指责、抱怨。

把自己的需求转化为别人的问题，有一种很强的心理动力。我们都见过指责型的人，他们有着很强烈的情感，只是他们意识不到或者不愿意意识到，在这种强烈地指向别人的情感背后，带着强烈的需求没有被满足的匮乏感。

渴望被承认，渴望被认可，渴望被重视，渴望被爱，但是无法被看见，更无法正向表达，就用另一种不恰当的方式来变相表达；明明是索取，却伪装成愤怒的指责。

每当别人没有满足他们的需求和期待时，他们瞬间就会愤怒，别人在他们眼里就会变成不爱他们的人、很差的人。如果在指责、抱怨的时候不妥善处理，或者对方的回应不是自己理想中的那样，就会情绪升级，上升为愤怒。

此时愤怒是一种次生情绪，防御的是悲伤和脆弱。

但是如果我们不能从别人的问题背后看到那个被掩藏的自己的需求和感受，我们可能就永远无法看见真实的自己。

没有自己，何谈别人？边界也就无从谈起。

先有"我"，才有你。看不见自己，当然也就看不见别人。

二、不做"没有感受，只有道理"的人

有的人把自己的需求转化为别人的问题，用指责、抱怨的方

式表现出来，还有的人擅长用讲大道理的方式表现出来。

我有一个朋友就是如此，他非常喜欢讲大道理，喜欢用大道理去要求别人、要求自己。结果可想而知，喜欢跟他相处的人很少。

这类人通常没办法谈一些具体的事情，总是要把具体的事情变成一个抽象的理论，来跟你讨论。

你问他的情感需求，他会很困惑，说不清楚自己的感受，也不清楚自己的情感需求。

但你要说他没有情感需求吗？并不是，他会不停地跟人分享他看过的书和看过的电影。这本书如何有趣，那部电影如何感人，其实都是他在表达自己内心的情感需求、内心的渴望，渴望有人看见他，理解他，与他产生共鸣。但是他意识不到自己背后对情感的这种需求。

共鸣可以给予别人疗愈。表面上他讲的是道理，实际上他想要的是情感共鸣，情感回馈。情感是人特有的东西，是一种活的东西，是一种流动的东西。但书本是死的、僵化的，道理也是死的。

为什么跟人打交道的时候，非要把感受到的部分拿掉、过滤掉，而用道理交流呢？

三、和自己的要求待在一起

除了一味地指责别人的那一类人外，还有一类人是活在条条框框里，活在对自己的各种要求里，然后不停地折磨自己。这种人就是因为自己要求过高、过于刻板，达不到自己的要求而出现焦虑、抑郁或者强迫性行为的人。

听话的学霸、上进的优秀者比较容易出现这种问题。他们对自己提出的要求比较看重，所以比较容易忽视自己的感受，不知道自己的情感需求需要被重视。他们看不见自己，只看得见要求。

实际上这种要求代表的是早年养育者的要求和标准，而这些要求和标准已经被内化了。他们孜孜不倦地追求别人对自己的满足，是希望通过这种满足，得到被重视、被接纳、被认可的满足感。

如果我们能感受到对自己严苛要求的背后是对不被接纳的恐惧、不被认可的恐惧、害怕被抛弃的恐惧，就能明白究竟是哪些真实的情感在控制我们，让我们活在条条框框里。我们需要处理和面对的就是这些情绪和情感。

正是在那些不敢面对的感受里，藏着真实的自己。

在每一个要求自己是超人、做一个完美主义者、不能不优秀的成年人的身体里，都藏着一个曾经不被接纳的内在小孩，没有被看见的内在小孩。

怎样才能了解自己、改变自己

那如何才能看到真实的自己，进而改变自我呢？

其实，了解自己就是在改变自己。那些把关注点放在改变方法上的人，他们在读文章的时候，一定没有关注过自己读文章时的感受。他们只是眼睛在读，心中没有触动。没有触动，就会等着别人来教他们怎么改变，好像必须要别人给出一个指导，然后按照指导来，自己像木偶一样，完全不能自主。

面对这种状况，该怎么办呢？

一、转变观念，多觉察一下自己

看别人不顺眼时，多注意觉察一下自己："我为什么厌恶他？我背后有什么情感需求没有被满足？我期待他能满足我什么？我厌恶他的本质是什么？如果我指责他、抱怨他，我可以改变什么或者得到什么？……"

去了解自己这样做背后的动力，就是自己的情感需求，要看到自己的情感需求，比如想要得到认可，想要得到关注，想要被爱，然后尝试自我负责、自己满足，或者去找愿意满足你的人。

二、多跟他人打交道

多跟他人打交道，多关注自己的感受。人越回避跟他人打交道，越不会跟他人打交道，就越无法疏导自己的心理。

三、多关注自己的感受

关注自己的感受和需求，先满足自己的感受和需求，通俗地讲就是学会爱自己。

在此基础上尝试敢于正向表达自己的感受和需求，发出自己的声音。

第五章

走出"婴儿模式"，你的人生更加从容

走出"婴儿模式"，成为能够爱自己的人

小李是我的咨询者之一。他看起来身材高大，白白净净，是一个外表帅气的男生。但他咨询的问题却是自己没办法和别人建立起长时间的亲密关系。

从中学开始，因为英俊的外表，小李就成了女生们爱慕的对象。上了大学，小李的女友换了一个又一个。当别的男生为自己单身而发愁的时候，小李似乎毫不费力地就能让女生爱上自己。

但是小李的爱情却没有看起来那么光鲜。他的苦恼在于，没有办法和一个女生维持长时间的感情。当冲动的热恋期过了，他就会对对方产生厌倦。因而每一个曾经接触过他的女生都会不约而同地评价他为"渣男"。

小李当然也清楚自己"渣男"的坏名声，但似乎对于他来讲，他并不是有意成为"渣男"的。他的问题在于不懂得长久地维持情感关系。

这让我想起我的一个好朋友小刘。与小李不同的是，她总是

会被自己的男朋友提分手，原因都是没几个月就会和男朋友发生不可调和的争吵。而与小李相同的是，她也无法维持长时间的情感关系。她在情感道路上屡战屡败，直到发现自己是一枚爱情的弃子。其实在日常生活中，像小李和小刘这样的人有很多。

我仔细地询问了他们与人相处的一些细节，而后我发现，小李和小刘他们之所以没有办法维持长时间的情感关系，是因为他们根本不懂得如何爱别人，也不知道真正的爱是什么。

婴孩之爱和成人之爱

小李和小刘共同的问题在于他们不知道真正的爱是什么，他们理解的爱只有被爱。

小李渴望与他相处的姑娘可以更多地满足自己，不能让自己失望。如果有让小李不满意的地方，他就认为自己已经失去了对方的爱，就会怒不可遏，于是自然而然地对对方失去好感，便要再去追寻一个对自己有好感的姑娘。如此，"渣男"的行为就发生了。但是当小李另寻新欢的时候，却又发现新欢身上的很多缺点。小李没有容忍的能力，于是再次选择放弃现有的感情。

小李用不断地换女朋友来解决问题，说明他在心理上缺乏理解和处理这些问题的能力。他只能通过不停地寻找下一个人来寻求爱，希望存在一个女生可以帮他全然地处理好关系中的所有问题，也就是找到一种没有问题的关系。毫无疑问，这种关系只会存在于早期的婴儿和母亲的关系里。

而小刘呢，她告诉我她每次恋爱后，就会想要控制对方的全部，不然她就会觉得对方不爱她。

有一次，她的男朋友在招待朋友，但小刘在家里感到非常无聊，于是要求她的男朋友来陪她。男朋友告诉她，他在陪朋友，没办法陪她，让她自己找朋友玩。小刘听到男朋友竟然拒绝了自己，一下子怒火中烧，于是直接冲到男朋友家和他理论，责问对方为什么不陪她，还要和他分手。男朋友觉得她不可理喻，于是就干脆跟小刘分手了。

这样的行为在小刘的恋爱经历中经常出现。因为对方无法忍受小刘的控制，她的每段恋爱都以分手收尾。小刘对于这样的结局饱受打击，并且因此而陷入到消沉当中。

小李和小刘都在寻找自己的真爱，只是他们寻找的并不是恋人关系，而是一种母婴关系。也就是说，他们在恋爱中并不是在寻找恋人，而是在寻找一个理想化的母亲，这就是他们无法和别人长期相处下去的原因。因为他们在对方身上投射了对理想化妈妈的期待，但毫无疑问，没有人可以满足这个理想化的期待和要求，于是关系没法维持。

小李的痛苦在于："为什么没有一个完美的爱人可以让我甘心驻足？"

小刘的痛苦在于："为什么没有人可以牺牲自己来爱我？"

这是两个停留在全能自恋期的人，对于任何一点关系中的裂痕和矛盾，他们都没有能力承受和化解，这意味着他们的情感全然处于对妈妈的依赖和共生状态中，没有完全独立。

而一段长期的亲密关系，需要双方至少有一定的自爱能力。一定的自爱能力意味着两个人的情感有一定的独立性，可以去处理和消化自己的需求和对关系的不满，而不是完全地依赖对方。当存在不满和矛盾时，不能把这种责任全部推到对方身上去。小李和小刘总是认为是恋爱对象的问题导致了自己在恋爱中的痛苦，这也意味着他们没有能力在关系中看到对象的需求，体谅对象的难处，从而在关系中具有包容性。

处在早期婴儿状态的孩子，是完全不能理解妈妈也是有需求的，他只会索取他想要的，索取不到就大哭大叫。

为什么有些成年人还在寻找理想化的妈妈

有些人总是在寻找一个理想化的妈妈，对爱有理想化的期待，一方面是因为在现实生活中他们没有找到真正的爱——一种有现实感和界限感的爱，以至于他们对爱的认识还停留在早期幻想阶段；另一方面，还意味着他们的养育者缺少镜映功能，没有让孩子知道自己是谁，让孩子缺少现实感，也就是孩子作为一个独立的个体，没有被真正地看见过。

小李和小刘的原生家庭也很类似，他们都有一个爱控制又溺爱自己的妈妈。从小到大，妈妈对孩子管得很严，孩子所有的事都要听她的，同时她又会无限制地满足孩子。作为孩子的小李和小刘从小只有一个目标：好好学习。其他的事情一概不需要他们管，只需要听妈妈的话。而妈妈似乎也没有自己的独立人生目标，一直为了孩子而活。

这是一种严重的共生关系，在这种关系里，妈妈不允许孩子有独立的意志，孩子无法感知到自我的存在，实际上孩子成了一个满足妈妈各种需要的工具人，孩子的需求是被忽视的。在一定程度上，这相当于一种寄生的关系。在这样的关系里，只有一方的意志是完整存在的，而另一方是附属对方的工具。

而小李和小刘试图和恋人建立的这种关系，之所以不能长久，是因为没有人愿意为了他们充当这种理想化的妈妈，于是他们只好不断地放弃与继续寻找。

在一个人正常的心理发展过程中，婴儿前六个月是和妈妈共生的，妈妈给孩子提供孩子想要的爱，满足他的需求。但随着孩子的成长，这种共生关系会逐渐消失，婴儿会发现妈妈并不是为自己存在的，她有自己的需求，于是有了"我"和"你"的划分，也就有了基本的现实感和自我感。然后孩子需要学着照顾自己，在妈妈照顾不了的时候尝试爱自己，也就逐渐有了爱自己的能力，也是情感独立的能力。

而卡在共生关系里的人没有生活独立、情感独立的能力，自然也意识不到自我的存在，他们内心的自己仍旧停留在这个时期，渴望着全能母亲的满足。

小李和小刘的妈妈虽然很溺爱他们，但是妈妈提供的溺爱本质上不是孩子所需要的，而是母亲自己所需要的。这就导致小李和小刘一直把控制别人、满足自己当作爱。这显然是对爱的误解，但这恰恰是他们从自己的养育者那里继承来的。

拥有自爱能力是进入亲密关系的基础

小李和小刘的共同问题，在于他们情感不独立，没有基本的自爱能力，一切都指望别人来满足自己。如果不建立自爱能力，他们就只能陷入无限的"寻找—失望—继续寻找"的循环中，没法在一段关系中稳定下来。这里我提供两条建议：

一、打破幻想，走入真实

小李和小刘之所以无法建立自爱能力，是因为他们的内心始终有一个幻想，那就是自己会找到那个理想化的爱人，只要找到那个人，一切问题就都不存在了。所以他们只有真正意识到这个事实——根本不存在这样一个人——他们才能发展自己的自爱能力。

一个人只有在一点点地学会照顾自己的过程中，才能坚实地扎进这个世界，生根发芽，对爱的理解也才会越来越理性、真实。

只有意识到自己的局限和需求，我们才能接纳别人的缺点和需求；只有意识到自己的不完美，我们才能容纳别人的不完美；只有清楚自己需要什么，我们才能看见别人需要什么。成年人的亲密关系也是人际关系的一种，是一种交换和满足彼此需求的过程，如果需求长时间得不到满足，必然会出问题。

二、任何一段关系都需要双方适当地妥协和放弃

完美的关系只存在于想象中，就像完美的人不存在于现实中一样。小李在不停换女朋友的过程中发现，所有的女孩都会有缺点，所有的关系都会有矛盾。小刘在不断分手的过程中发现，没

有人会像想象中那样爱自己，没有人可以为了恋人彻底牺牲自我。所以我们一定要适当降低对恋人的期待，这样双方的关系才不会太累，如若对方做了什么令你满足的事，你的幸福感知度也会提升。

不肯放弃、不肯妥协是不肯走入现实的表现，不肯接受现实的局限和不完美，这当然可以帮助维持幻想中的理想化。但理想化永远都是理想化，一碰到现实它就碎了。因此它只能在虚无缥缈中存在，而想要维持一段长久的亲密关系一定是要互相磨合，互相接纳的。不是没有人爱你，而是这个世界上没有完全符合我们预期的人。任何关系都需要双方共同经营和改变，适当地妥协和放弃。

勇敢地看清他人的爱是有限的

我身边有一些朋友，一进入恋爱关系中就仿佛变了一个人。比如有的人平时理性过人，一谈恋爱就开始患得患失、焦虑恐惧、整夜失眠；有的人平时温柔腼腆、知性大方，一谈恋爱却变得像斗士一样，分手、绝交、挽回、骂人、求饶……完全进入"疯狂"的状态；有的人甚至在分手时会以跳楼、割腕等方式相威胁。

其实，恋爱中的"疯狂"可能很多人都经历过。我在 20 岁出头的时候，也异乎寻常地迷恋各种轰轰烈烈的爱情，每天都向往歌词里的恋爱："你是我温暖的手套，冰冷的啤酒，带着阳光味道的衬衫，日复一日的梦想。"

恋爱这件事之所以让人疯狂和困惑，在于它是一件与我们心底的渴望和曾经受过的创伤深度关联的事情，也是一种可以修复我们童年时期与父母关系中遗憾的重要途径。毕竟，亲密的人和事关乎我们心里最深处的爱恨。对年轻人来说，恋人是除了亲人之外，与我们的生命关联最紧密的个体。

所以恋爱中的不稳定在很大程度上反映了心理自我发展的不稳定，恋爱中表现出的模样也反映着我们个体发展的稳固程度。有的人自我本来就没有内聚成核①，一旦在恋爱中受到伤害，就更加容易体会到心灵的破碎及内心的绝望。这导致潜意识的创伤容易被诱发出来，造成巨大的痛苦。

恋爱这件事，相恋起来甜如蜜，争吵起来如地狱。如果我们一味沉浸其中，被恋爱操控，那么可能会永远无法自拔，对于感情无可奈何，失去掌控感。从成长的角度来说，恋爱是一个很重要的成长期，亲密关系能映照出我们内心的渴望、创伤、缺失和恐惧。如果能从一个成长的角度来恋爱的话，你会获得一次很好的自我成长的机会。

所以每次我跟因为恋爱困扰而前来咨询的人说得最多的话是："把精力收回放到你自己身上，真诚地问问自己，在这段关系中令自己觉得有意义的是什么，自己难以接受的是什么，自己想要怎样的良好关系。"处在恋爱中的人把精力放在自己身上何其难，因为大多数恋爱中的人都进入了程度不一的幻想之中："我的

---

① 内聚成核：内聚表示内部间聚集、关联的程度，成核是水蒸气凝聚成液滴的过程，文中意思指内心处于独立而坚强的状态，形成一个稳固的整体。

幸福依赖于对方来满足。"正是因为这种幻想，恋爱才如此让人迷恋，但也正是由于这种幻想，亲密关系又如此让人感到痛苦。再次体验被爱，再次退行到做孩子的感觉，再次依赖别人来实现自己的幸福，这是亲密关系的诱人之处。

为什么多数 30 多岁的人看到"你是我温暖的手套，冰冷的啤酒，带着阳光味道的衬衫，日复一日的梦想"这种歌词只会淡然一笑？这是因为他们在成长中经历了太多，已经明白，爱情固然美好，但这世上并没有十全十美的恋人，保持良好的亲密关系要用心经营，关键是要懂得在爱别人之前，要学会先爱自己。把精力放到自己身上，认真思考自己想要什么样的人生，这样，才能从恋爱中的"疯狂"转变成稳定的状态，在一段关系中获得幸福感和稳定踏实。

稳定的前提是不再把对方理想化，也不再贬低自己，从依赖幻想的关系转变成既亲密又独立的关系。

为什么有的人一恋爱就进入"疯狂"状态

一恋爱就进入"疯狂"状态，可能意味着早年的我们跟父母有很多感情债没有终结。很多潜伏的爱恨情仇此时有了"翻身"的机会，所以会一股脑儿地投射到爱人身上。这时，内心匮乏且很少得到爱的人，就会开启疯狂索爱模式；内心压抑着太多愤怒仇恨的人，就会开启情感虐待的模式；而在父母严苛管教中成长的人，很容易在恋爱中成为争吵与矛盾的制造者……这些人的相同点在于，他们看不见真实的对方是什么样子的，恋爱只是他们情感上的一种宣泄和索取，无一例外。

很多人的恋爱看上去是恋爱，其实只是一个人的独角戏，一个人过往剧情的呈现。那些恋爱后进入疯狂状态的人往往意味着他们内心埋藏着较大的爱恨情仇需要被化解。

我的一位咨询者茉莉是个非常优秀的姑娘，但她每次都会很轻易就投身恋爱中，日常相处时总是会陷入到连环追问对方的怪圈中："你到底爱不爱我""你到底什么时候会娶我"……在恋爱关系中，茉莉纠结最多的就是"他爱不爱我"。当她觉得对方不爱自己的时候，就会用很难听的话狠狠地骂对方，或者在社交App中"拉黑"或删除对方。但是她每每这么做之后，又会想起对方的好，然后去挽回。情感关系就这样反反复复。

很明显，茉莉是一个非常缺爱的姑娘，她急切地渴望被爱，就像鱼需要水。因为这种对爱的匮乏与急切的渴望，让她在交往初期很难冷静理智地判断对方适不适合自己，对方是个什么样的人。她总把对方理想化成一个完美爱人，然后陷入爱河。但现实中的关系还未来得及推进到那种程度，因为亲密关系往往是循序渐进的，所以一段时间后，茉莉就会痛苦地发现，对方好像并没有她想象中的那么完美，也没有那么爱她。她就会很生气，指责对方为什么不够爱她，变成一个恋爱中的愤怒者。茉莉在愤怒又缺爱的"小孩"和卑微又讨爱的"小孩"之间来回切换，恰恰源自她潜意识中童年时期压抑的情感。

茉莉在父母不断地争吵中长大。家里人的关系很冷淡，很少有人在乎她的感受。除了因为学习成绩好而获得的一点关注外，茉莉就很难再得到父母其他情感方面的照顾。父母的责骂让茉莉感到自卑与胆怯，更别说自信了。

其实每个孩子都很爱父母，也渴望被父母爱，但是茉莉从小体会到的是父母的忽视，父母的不在意。在茉莉的内心压抑着太多对父母的愤怒和对爱的渴望。对童年的茉莉来说，爱是一种遥远的东西，她从来没得到过，她是一个在情感上异常缺乏的小孩。

在咨询室里，我们常常会看到，那些在情感上异常缺乏的人，他们心中的自己衣衫褴褛、灰头土脸，样子像是可怜的流浪小孩。这样的人不论外表怎样光鲜亮丽，他们感受到的爱都是极度匮乏的。匮乏是导致过于理想化的重要原因。因为未得到，所以他们会把爱或者某个人理想化，觉得他高高在上，珍贵且完美。在他面前，他们常常会过于贬低自己，变成一个卑微的讨爱者。不自信的背后运行着这样的逻辑："我觉得自己配不上。"

所以茉莉在关系中一再重复地问"你到底爱不爱我"，实际上是在试图解决她童年留下的困惑："我到底值不值得被爱，我是一个好孩子吗？"如果一个人具备自爱的能力，他不会纠结于对方爱不爱自己这个问题，他能够较容易地判断出对方爱不爱他。因为不知道真正的爱是什么样子，所以才会不停地纠结，希望对方证明给自己看。

还有，很多时候，误解是源自我们每个人对爱的理解、需求不一样。比如我所表达的"我爱你"，和你所表达的"你爱我"，双方都打着爱的名义，但各自对爱的定义、对方需要什么样的爱、自己需要什么样的爱并不相同，甚至有时并不知晓。

那么，要完成哪些成长，才能享受稳妥的恋爱呢？亲密关系最能映照出我们内心深处的渴望和创伤。这是一个自我成长、自我疗愈的好时机。如果我们学会朝内看，我们就可以借助这种关系获得巨大的成长。

我们需要经历恋爱中的伤心、绝望，让自己完成向内的成长，减少对他人的幻想，只有这样，才能变得越来越稳，从而更好地处理亲密关系。听上去非常残酷，但是成长的代价就是意味着丧失，丧失对过往的幻想，换来成熟的自由。一个人在恋爱中要完成以下几种成长：

一、理想化的破灭

像茉莉，每次一开始恋爱就把对方理想化，觉得对方带着光环，是个完美的恋人。但把对方理想化往往意味着对自己的不满。就像张爱玲这样："见了他，她变得很低很低，低到尘埃里，但她心里是欢喜的，从尘埃里开出花来。"

如果我们总是把对方理想化，觉得对方非常完美，那我们就要反观自己是不是有些自卑，看不起自己，甚至有时候会贬低自己。这种抬高对方、看低自己的恋爱关系是不健康的，终有一天会激发矛盾，关系破裂。

所以，我们只有看见对方真实的样子，不完美的也好，有缺点的也好，这样才能更好地处理亲密关系。

二、分化与独立

人在恋爱的时候，会本能地追求那种融合的关系，希望两个人亲密得如同一个人，认为这样可以解决很多问题，比如孤独的问题、情绪的问题、日常生活的问题等。这种融合的吸引力和诱惑力在于——这里有一个机会，可以重回妈妈的怀抱，能重新被照顾、被温暖，像婴儿一样无忧无虑地生活。

很多融合性的需求没有被满足，分离个体化没有完成的个体会在亲密关系中继续寻找这种融合性的爱，他们致力于改造对方来爱自己，强迫对方来爱自己。

茉莉就是这种人。在恋爱关系中，茉莉分不清楚哪些是自己的需求，哪些是男友的需求。事实上，爱不是一个概念，而是一种具体的关系。每个人对爱的需求是不一样的，有的人需要的爱是如母爱一样的包容；有的人寻求的爱是渴望被理解；有的人是觉得为我花钱，让我有依靠才是爱我；有的人则是为了满足自己有另一半的需求。

看见别人的需求，看见他需要怎样的爱；看见自己的需求，看见自己需要什么样的爱。看见对方具备什么样的能力，能不能给自己这样的爱；看见自己有没有这样的能力，给予对方他想要的爱。如此，相互满足，大家才能都体验到爱。

比如，茉莉希望对方爱自己，对自己言听计从，随叫随到，但她意识不到这是自己的需求，需要自己承担责任，而是一味地觉得男友就应该这么做。当男友没有做到的时候，她就会指责对方，埋怨对方，甚至伤害对方，觉得对方欺骗了自己，辜负了自己。

当我们渴望对方用我们想要的方式来爱自己，但对方做不到的时候，我们会感到失落和伤心。其实这并不是件非常糟糕的事，跟这些失落和伤心待在一起，接纳并面对它们，能有效地帮助我们看到并了解这份关系到底是怎样的。这样有利于我们从过于亲密的情感关系中分化出来，找到真实的、独立的自我。当你开始注意到自己的情感需求、自己的情绪变化后，才会更好地处理亲密关系。这样我们才能够走出当前的情感困境。

分化意味着情感的独立，意味着学会了爱自己，而不是一味幻想着别人来爱自己。不要怕会失望、伤心，哭一会儿，难受一会儿，这样才能继续成长。

三、他人的爱是有限的

分化和独立之后产生的结果就是距离和界限。这意味着虽然我们相爱，亲密无间，但仍然是独立的个体。即便有一些融合的部分，但最终关系的本质是两个独立的人的相处。

距离和界限意味着空间，意味着一个人要了解另一个人的需求、局限、性格、三观。简而言之，你要知道有哪些东西你能从对方身上得到，哪些东西你得不到；哪些优点你可以从对方身上学到，哪些缺点要改正。了解你的伴侣有什么、没有什么非常重要。你不能向他要他本来就没有的东西。选择一个伴侣，就是要互相接纳、互相包容、互相促进对方成长。没有全能的伴侣。因此你不能把自己的幸福完全寄托在另一个人身上，那是不现实的。

我们需要在爱里付出这些代价，一步步地学会成长。真正美好的爱情并不是王子和公主最终幸福地生活在了一起，而是公主和王子各自都变成了更优秀更强大的人，找到了让自己变得幸福的方法，学会了给自己的心安一个家。

幸福是一种能力，这个能力主要依靠自己。而恋人，不过是一面让我们看清自己的镜子。

真正的安全感，要靠自己掌控

近几年，随着对独立女性话题的讨论，女性的地位得到了一定的提高。同时，我们也看到了另一种趋势：对婚恋的绝望，对爱情的绝望。有时甚至能看到"珍爱生命，远离男人"这样的告诫。这大概可以慰藉很多在情场上失意的人，也让很多在婚姻或者家庭里遭遇迷茫、受到伤害的人感到安慰。但同时我们也应该看到，这并不是一种真正的独立，而是一种外强中干的感觉，其中包含着无奈和心酸，还有浓浓的悲凉。

因为得不到爱或者处理不了感情里的冲突和矛盾，而选择独身；因为不敢依赖别人或者曾在恋爱或婚姻中受过伤，而选择自我封闭；因为对别人感到失望，索性不再有期待……

这种强撑的独立，我们姑且叫作"假性独立"。深陷其中的人，很容易变成工作狂。因为他们的身后空无一人，缺少可以依赖的关系和无条件的支持，唯有不断地在工作中寻找自己的存在价值。因为缺乏他人的支持，他们遇到问题时更容易焦虑和抑郁，也更容易紧绷不安。很明显这会影响一个人的生活质量。

那为什么会陷入这种绝望呢？依赖是人的一种本能，但是在成长过程中，如果依赖的体验非常糟糕的话，就会极大地影响到我们在关系里的依赖能力。从而导致我们缔结不了高质量的关系，也很难享受一段深入的亲密关系。

小张是以上所说人群的一个缩影。她是一位事业非常成功的女性，看上去非常光鲜，但她在建立亲密关系方面有严重的恐惧和障碍。这些年她一直努力工作，让自己看上去非常独立和成功，但背后的落寞和孤独只有她自己知道。

在聊天中我发现，小张几乎从小没有完全依赖过谁。在她早年的家庭里，爸爸处在一种游离和缺席的状态，妈妈和她处在一种紧张的高控制关系里——她从小到大要满足妈妈提出的各种要求，为了让妈妈高兴而存在，她像个工具一样。即便这样，妈妈依然对她不满意，动不动就说因为她的各种不好，才导致妈妈生气、活得不开心。小张从未享受过其他小孩都有的可以依赖的感觉。

在小张遇到困难、需要支持的时候，妈妈还会很生气，气她不够完美，气她无能，气她不够坚强，让妈妈操心。

在小张需要依赖的时候，她看到的永远是妈妈嫌弃、厌恶、充满嘲讽和指责的脸。小张长大后，发现自己根本没法跟别人建立亲密关系，她害怕别人也会像妈妈一样对待她。每当她喜欢上别人，这种可怕的恐惧感就会浮现，让她仓皇逃跑。

还有很多与小张类似的朋友。他们虽然不像小张这么极端，但他们建立的亲密关系也只是浮于表面，无法用真心深入交流，或者因为不知道怎么依赖对方，误以为索取便是依赖，最终导致关系破裂，经历了伤心、失望后，强迫自己进入独立的状态。

这背后都藏着深深的依恋创伤。早年的依恋创伤，会造成以下三种后果，从而导致我们不敢依赖别人：

一、不相信自己值得被爱

对别人的不信任，其实是源于对自己的不信任。他们不相信自己值得被爱，不相信会有人真的爱自己，并且总认为别人是因为一些外在的东西，才选择和自己在一起的。比如因为自己有利用价值、愿意付出，或者自己漂亮、有钱，等等。他们认为，如果自己丧失了这些外在的东西，那么他人对自己的爱也会撤回。

所以他们要努力维持这些外在的东西，并且特别害怕失去自己的价值。正如早年跟父母的关系那样："我要对父母有用，这样他们才会爱我，才不会抛弃我。"

这也会导致一种现象，不敢依赖别人的人，往往对变得优秀有很强的执念。只有在事业上或者生活中表现得非常厉害，他们才能安心。

二、不相信别人值得信赖

有的人早年在依赖方面遭遇过创伤，即便结了婚，有了孩子，依然不能放心地依赖伴侣，也不会跟伴侣分享自己内心的脆弱。很多人害怕自己倾诉过多，会让对方厌烦，让对方有压力，让对方离开自己。于是他们总是处在一种小心翼翼、压抑自己的状态。

就像早年跟父母的关系那样，要小心翼翼地看父母的脸色，不敢惹他们厌烦，如此才能不被父母嫌弃。

还有的人会选择那些不值得信赖、没有承诺能力的人做伴侣。因为本来就不相信有人值得依赖，所以不如直接选择一个在其他方面好一点的人。

三、对需要别人感到羞耻

需要别人是人类的本能，但是在依恋方面遭遇过创伤的人，往往对需要别人有强烈的羞耻感。因为在过往的经历里，每当他们需要别人的时候，得到的总是嘲讽和拒绝。这极大地伤害了他们的自尊，让他们觉得自己很讨人嫌，觉得"需要别人"好像变得低人一等。为了避免这种羞耻感，他们会强迫自己不去依赖别人，宁肯依赖食物、酒精，甚至游戏。

许多人下班一回家，就通过吃东西、打游戏、看电视、玩手机来打发时间。这样虽然孤独，但很安心和放松，不用怕自己的需求被拒绝，也不用小心翼翼地去维护和别人的关系。

当然，还有人会用反向的方式表达需求，通常表现为指责对方。他们无法说出"我需要你""我想依赖你"，相反会用"为什么你总是不重视我""你不懂我"的方式来指责对方。通过这种行为引起对方的注意和反思，避免主动提出需求带来的拒绝和羞耻，但同时也伤害了两人之间的关系。

那么如何才能走出"假性独立"的泥沼呢？我们需要意识到以下这几点：

一、直面依赖的需要，才会真的独立

依赖是人的本能，并不可耻。要意识到，是早年的养育者让我们觉得人不可信任，是他们在我们需要依赖的时候，推开、嫌弃和厌恶我们，以至于长大后我们害怕对别人产生依赖。

真正的独立，绝不是压抑依赖的本能。而是意识到自己拥有依赖的渴望，然后选择值得依赖的人，满足自己的依赖心理，让自己成为一个更完整、更真实的个体。

这的确不容易。或许你需要抱着自己大哭一场，这些年来你很辛苦，承受了太多的孤独；或许你需要更坦诚地说出你的恐惧，看到自己的内在小孩，他是怎样的孤立无援；或许你需要给内在小孩更多的关注和温暖，因为这一直是他渴望从妈妈那里得到但从未得到的；或许你可以试着去依赖别人，重新体验一段可靠的依赖关系，获得缺失的体验。

唯有让内心的冰融化，慢慢恢复依赖的能力，我们才能走向真正的独立和圆满。

二、把动情作为一种冒险

因为以往的依恋创伤，我们会禁止自己动感情。即便动感情也会深深地压抑感情，因为我们害怕之前的伤害会再次重演。同时，我们又很容易把想依赖的对象投射成当年嫌弃我们的父母。

此时，我们需要看到，我们早已不是当年那个小孩。当年的小孩孤独无依，但现在他已经是大人了，可以保护和照顾自己，可以承受这种冒险的后果。

说到底，爱是勇敢者的勋章。不敢爱也不敢恨的行为，虽然会让人感到安全，但也会丧失很多做人的体验和乐趣。尝试对那些让你有感觉的人动情，这对以往有依恋创伤的人来说确实不容易，但也是很好的修复机会。

你可以寻找可靠的朋友或心理咨询师作为陪伴者，尝试再次一点点打开心扉。只有拥有打开心扉的勇气,我们才能重新拥有可以依赖的亲密关系,重新相信自己值得被爱。在这个过程中,我们也会变得强大、有力量。

三、真正的安全感是在自己手里的

依赖他人,不代表把安全感交给别人。如果我们把安全感交给别人,我们就永远难以获得真正的安全感。

依赖的前提,不是让别人表现得值得信任,给我们承诺。而是我们选择了信任自己,选择了自我负责,选择了给自己一个机会,同时在尝试的过程中,做自己的坚实靠山。

依赖别人的确有风险,容易让我们失控。如果不直面这些失控,我们就会陷入越来越深的自我保护的防御中。当我们能自我负责、自我承担,能直面恐惧并承担相应的后果时,我们才是真正的独立,才是有了真正的安全感。

我们可以做一些尝试。这些尝试可能会失败,可能需要自我疗愈。但是只要有一次成功了,或许我们就能够被治愈了。这非常值得,因为逃避亲密和主动依赖,完全是两个世界。

到时候或许你会感谢自己——"亲爱的,是你的勇敢为自己获得了爱。"到那时,你会知道,真正的独立,是如此舒展、踏实、自在和有爱。

如何排解"吃醋"这种情绪

"男人都是花心的"

鹿莼是个斯斯文文的姑娘，长得眉清目秀，说话轻言细语，有我见犹怜之态，让人一看就有想要呵护的欲望。我想鹿莼一定很招男生喜欢。可是没想到这个姑娘的恋爱并不顺利。

"我觉得男人都是花心的，为什么我碰不到好男人？"

"我现在对婚姻充满恐惧，觉得等不到自己喜欢的人了。"

"我想找一个对我专心的人。"

"我感觉每次跟我交往的男朋友都不是真心的，都很花心。"

…………

经过一番沟通，我了解到鹿莼谈过几段恋爱，但她觉得每一任男朋友都很"花心"，而这些"花心"的男生给她带来了不少伤害。一旦发现男友"花心"的迹象，鹿莼就开始不停地"闹腾"。

鹿莼和男友之间发生的冲突几乎都是因为男友与其他异性往来，有时是女同事，有时是女客户，有时甚至是女服务员。每次男友都告诉她，跟其他异性往来是因为工作，而不是其他个人私交，但这让鹿莼很难相信。为了确认男友的话是不是真的，她曾经多次试探男友，比如把男友和女客户合影的照片删掉，观察男友的反应；比如在男友和漂亮女同事出差时也要跟随；比如要求男友发誓与其他女性朋友划清界限，减少联络。

鹿莼的前男友们都认为鹿莼是个乖巧的好姑娘，可她整天疑神疑鬼、争风吃醋的样子令他们无法忍受。在其他方面鹿莼都表现得很优秀，是个模范女友，可唯独在男友与其他异性日常交往这方面，有着过度的敏感和神经质。相处时间久了，鹿莼的男友们一个个都忍受不了她的"作"，纷纷提出分手。

就这样，鹿莼成了一个总是被"抛弃"的姑娘，这让原本就安全感不足的她如同一只焦躁不安的小鸟。鹿莼一边讲述自己的过往，一边泪流满面，似乎更加印证了自己凄惨的命运。对于她来说，开始恋爱很容易，但是拥有有始有终的恋爱却很难。

"妈妈的眼睛总是看向别人"

在沟通的过程中，当问到她为什么总是在亲密关系中这么在乎男友跟其他异性接触时，鹿莼突然哭了起来。

> "因为害怕自己不够好，没有价值。"
>
> "总是害怕比不过别的女人。"
>
> "因为小时候妈妈总是不喜欢我，她总是喜欢别的小朋友，怪我没有别人好。妈妈喜欢活泼大方的女生，但我不是，因此她总是嫌弃我。"
>
> "在我的记忆里，我从来没有觉得妈妈跟我在一起时是真心快乐的，她总是对我不满意。我觉得妈妈根本不爱我，她只是被迫拥有了我这样一个孩子。"
>
> "很多次我都在想，如果她知道我是一个这样的人，她一定不会让我出生。"
>
> "我的父母从来都不表扬我，妈妈的眼睛总是看向别人。"
>
> …………

我发现鹿莼并不是特例，有类似童年经历的人很多。有过这种童年经历的女孩，通常会面临一个问题——在亲密关系中极度缺乏安全感。

要么过度"争风吃醋"，要么不敢恋爱

另一个来访者小梅，也是一个很容易"争风吃醋"的女生。与鹿莼不同的是，小梅的"争风吃醋"属于主动型行为，且她的"争风吃醋"不仅限于恋爱关系。因为得到领导的"偏爱"，小梅曾不止一次陷入到和同事的纷争中。

不管是男领导还是女领导，似乎都对小梅特别关照，但这种关照的结果，就是让小梅陷入同事们对她的排挤中。小梅所到之处，人际关系总是容易失衡。看起来小梅虽然深受"偏爱"之苦，但其实这种"偏爱"正是小梅所追求的。

小梅出生在一个不受父母重视的家庭中，不仅不受重视，而且父母经常会嫌弃她、责骂她、苛责她。她还是个小女孩的时候，就成为父母下班回来随意发泄情绪的对象。妈妈总是嫌她不如别人，似乎别人家的女儿都比她好。上大学之前的小梅，是一个极度自卑和充满羞耻感的女孩。而大学终于让她远离了这个家。"永远都不要再过那样的生活了。"小梅对自己说。

为了掩饰自己内心的脆弱，不自觉地，小梅戴上了一副骄傲的面具。因为一些原因，这个面具一度很成功，它为小梅带来了关注、爱慕和吹捧。最终小梅成为一个个性特别张扬的人，在人

群中具有鲜明的标识。很多人都说，小梅是一个特别的人，因此格外偏爱她。

"偏爱"一直是小梅所追求的目标。小梅靠着"偏爱"把一个个潜在竞争者都比了下去，但这样的小梅还是无法得到真爱。她无法跟任何一个男人有亲密接触。

在亲密关系方面，她甚至还不如鹿莼。恋爱中争风吃醋的杀伤力远比工作中争风吃醋的杀伤力要大，为了避免自己受到伤害，小梅总是拒绝自己去谈恋爱。

内在潜意识与外部现实

据说缺乏安全感是女人最大的"妇科病"，这跟社会和生理的因素息息相关。严重缺乏安全感的人，可能有着自卑的潜意识。这些人对于自身的价值评价极低，因而内心存在着这样的假设："不会有人爱我的"，"我不值得被别人爱"。

如果一个人内心有着自己不值得被爱的潜意识，那么不管他表面看起来多么骄傲，他都不会百分百地信任别人会爱自己。他会寻找各种蛛丝马迹，以此来验证对方到底是不是真的爱自己，一旦对方忍受不了，厌烦了，最终离开了自己，他就会得出一个结论：看吧，没有人真的爱我，我不值得被爱。所以很多真爱就这样在自己的执着中错过了。当我们总是反复怀疑一个人是否爱自己，反复设置各种难关考验对方，总是想让对方做出很多补偿性行为的时候，亲密关系就会被搞得疲惫不堪。

当我们要求对方证明爱的时候，我们从来看不到对方的需求。亲密关系是两个人的事情，并不存在一方抛弃另一方。自卑的人会把自己套入受害者的角色里，赋予另一个人抛弃自己的权力。

这样的故事之所以是命中注定的悲剧，在于我们一直追求的不过是镜花水月般的幻想。当我们幼小又无助的时候，为自己编织了一个足够真切的幻想，憧憬我们长大后一定会过上这样的生活，总会有一个人给予我们那些曾经缺失的东西。

缺乏安全感的人应该如何做

缺乏安全感的人最重要的是要学会一种能力——信任。生活中有的人能信任别人，有的人不能。一个人之所以能信任别人，是因为他信任自己，信任自己有价值，信任自己值得被爱，同时也愿意为自己的信任承担责任。

没有这种信任能力的人整天会陷入到怀疑里，他们需要很多外在的证明来消除自己内心对于安全感的不安。一个自身没有安全感的人会不停地向外索取，这样的索取让整个关系变得没有弹性。本来安全感应当是由家庭提供的，但是往往这些人的家庭不但不是心灵的庇护所，还是产生伤害的地方。

当我们内心存在"自己不值得被爱"这种想法的时候，要尝试去淡忘它，要对自己的价值有信心。争风吃醋并不能为我们带来好的结果。同样，要想让别人对我们不离不弃，首先我们要学会对自己不离不弃。停下来思考一下，看看自己的潜意识中是不是有不值得被爱的想法。正是因为这种想法，自己在现实中才会陷入困境。

如果你遇到了一个缺乏安全感的人，请务必保持耐心。如果实在无法通过沟通和自我改变改变双方的关系，那就尽快让他去看心理医生。

虽然我们每个人都是独立的个体，但只要在社会中生活，就会处在各种关系中——夫妻关系、恋爱关系、亲子关系、同事关系、上下级关系、亲戚关系……各种关系的处理能力会深切地影响到每个人的幸福感和存在感。良好的关系会给我们带来归属感、满足感和幸福感，糟糕的关系会影响我们每日的心情以及生活的质量。

处理关系的能力建立在对自己和他人正确、成熟的认识之上，但在长期的生活中，很多人出于原生家庭、成长经验的原因，在认识自己和认识他人方面缺乏良好的引导，没有成长出足够成熟的心智和健康的人格，导致他们进入社会，在与他人互动时遭遇大量的人际关系问题。这些不良的人际关系会让当事人内心整日处于一种内耗状态，有的人甚至内耗一辈子都无法解决。

关注并改变自己，构建融洽的亲子关系

"我的孩子让我头疼"

很多爸爸妈妈总是在担心自己的孩子。我认识一个离异的母亲独自抚养女儿。她告诉我她整天为女儿的事情而焦虑。

"你说她在班上也不跟小朋友交往，日后怎么在社会上生存啊？"

"你说她都这么大了，也没有自己的规划，不会为自己着想，该怎么办啊？"

"她现在天天就知道躲在自己的房间里，也不爱见人，也不爱写作业，升学哪有指望啊？"

…………

她的女儿只有 11 岁，而这位妈妈却愁容满面。在她滔滔不绝的讲述中，有好几次我试图表达自己的观点，却发现根本插不上话。哪怕她的话被我打断了，她也会告诉我："你不是我，你不会理解我的心情的。"我觉得我一直被她挡在自己的心灵之外。她并不信任我，也不愿意接纳我，只是想让我帮助她解决自己棘手的问题。

我觉察到自己与她沟通很困难，同时我也感觉到她似乎总是想要掌控整个沟通过程。此时此刻的我一下子就理解了她女儿的感受。她的女儿每天都要体会被别人扼住咽喉的窒息感。虽然这位妈妈一直在说话，却没有真正与女儿沟通过。她一直沉浸在自己的内心世界里，希望别人帮助她解决问题，而解决问题的方式却是要按照她的意志去做。因此，她的女儿变得胆怯、易怒和叛逆，也是情理之中的事情。

这种父母总是在担心自己的孩子，认为自己为孩子全力付出，认为自己很伟大，甚至会为自己的所作所为而感动。在我看来，这是颠倒型的母子关系。

担心、焦虑的背后是安全感和信任感的缺失

这种父母，早在孩子出生以前，他们的担心和焦虑就已经存在。他们会担心工作做不好、担心事情搞砸，抑或担心别人不喜欢自己。只不过有了孩子之后，这些人会把这种担心和焦虑投射

到自己的孩子身上。

　　担心、焦虑的背后是安全感和信任感的缺失。在心理发展上，安全和信任的能力是婴儿最早需要发展的能力。根据埃里克森①的社会心理发展理论②，人生第一个发展阶段的主要任务是建立信任感、克服不信任感；如果在前两年的时间里，婴儿没有得到足够好的养育，就会影响信任感和安全感的建立。

　　足够好的养育意味着此阶段要尽量对婴儿的需求及时回应，因为此时婴儿不会说话，很多的满足感都是通过妈妈的肢体回应确立的，比如及时喂奶，给予爱抚和有规律的照顾。这就要求妈妈以婴儿为中心，对婴儿发出的信息敏感。得到回应的婴儿会对世界建立起基本的信任感和安全感。这意味着"我"发出的信息被这个世界接收了，而且它满足了"我"。这个世界是善意的，是充满希望的。

　　因此，那些没有得到及时回应的婴儿就会陷入深深的恐惧和无助中，甚至会引起他们内心极大的不安全感和焦虑感。就像前文中提到的妈妈，她的所作所为其实在一定程度上与婴儿的需求

①埃里克森：爱利克·埃里克森（Erik H Erikson，1902—1994），美国精神病学家，发展心理学家和精神分析家。
②社会心理发展理论：埃里克森把心理的发展划分为八个阶段，指出每一阶段的特殊心理任务，并认为每一阶段都有一个特殊矛盾，矛盾的顺利解决是人格健康发展的前提。

无异。一个安全感严重不足的人，会迫切地抓住一切机会，比如自己的亲人，来满足自己的需求。

这位单身妈妈之所以离婚，也是因为她用同样的方式来对待她的另一半，而对方无法忍受这种过度控制的关系。她离婚后，她的女儿便成了她唯一的救命稻草。

焦虑往往是父母造成的，而不是孩子

焦虑、担心是一种人格特质，其背后暗藏着安全感和信任感的缺失，而这源于一个人童年时期的成长环境。如果你总是不停地在担心自己的孩子，那么以下建议可能适合你。

一、你要意识到亟须解决问题的人应该是你自己，而不是伴侣和孩子

并不是伴侣和孩子如何差劲引起了你的担心和焦虑，而是因为你本身没有安全感和信任感，所以你总是会从周围人身上看到一些让你没有安全感和信任感的部分。伴侣和孩子都有他们自己的生活，他们是独立的个体，并不是完全属于你。他们有自己的意志，而不是要按照你的意志生活着。

你认为怎么样会好，达到一种什么样的要求会好，仅仅是你的想法，不要把你的想法当成真理，强迫别人遵从或达到。

二、关注你自己，而不是老盯着别人

处在极度焦虑、担心状态的人很容易跟自己的孩子建立共生关系，或者说本质上因为他们的心理发展还没走出共生期，所以他们没有自己，总是把自己和别人绑在一起，需要控制别人来满足自己。控制别人的好处就是不用面对自己的问题，只需要强迫对方满足自己的诉求就好了，这是一种"情感吸血鬼"的表现。

要知道当你打着为别人好的旗号宣泄自己的情绪时，你不是在为对方好，你只是想进行情感"吸血"。之所以想"吸血"，是因为你自己无法在情感上"自我造血"。所以，要真诚地面对自己内心的焦虑和担心。你可以把这些负面情绪向周围人表达出来，但是不要把原因归于别人的身上。

三、过度担心会破坏孩子的安全感和信任感

当我们把担心、焦虑投射到别人身上的时候，就是在进行一种负面的催眠，在对方心里植入一颗负面的种子。那么，对方的心理世界也会严重受到你的影响。前文中的女儿面对自己母亲的斥责与唠叨，原本正常的思维观念势必会变得扭曲。长时间下去，谁又能说清楚这个孩子会不会成长为自己妈妈的样子呢？本来对于孩子来讲，母亲应该像一个容器一样，包容自己所有的快乐与悲伤。可是那位单身母亲不但没有做女儿的容器，反而还让

女儿来满足自己的所有需求。

我的另一个朋友跟我说,他每次遇到问题都不敢跟自己的妈妈讲,因为他的妈妈不但不会帮助他冷静思考如何解决问题,反而还会在他身上制造更多的焦虑。久而久之,我的朋友便不再和自己的母亲沟通交流了,遇到问题也总是消沉。

四、信任不是逻辑推断出来的,它是一种选择

很多信任感缺失的人都有很强的逻辑推理能力和思维能力。信任感从本质上来说与逻辑思维无关,它是一个选择问题。就像我们信任生活不会亏待我们,信任社会是向善的,这些结论并不是通过逻辑思考得出来的,而是深存于部分人内心的。

我们跟人聊天,会发现有些人总会相信事情会变好,变顺利,但却说不出支撑的理由来。这种感觉其实可以归于人类最基本的精神活动——希望。每个人内心都有一种饱含希望的信仰。信任是一种选择,是敢于放下自己,相信每一个人来到这世间,都有他自己的发展轨迹。生活自有它的运转逻辑,做父母的人只需把自己做好。

五、不要过于担心生活有失控的部分

我们没有办法控制生活中的点点滴滴。我们只需要把自己的空间梳理好,剩下的都交给时间吧。有的人很担心自己的生活会

脱离自己的掌控，时常处在焦虑中。这需要不断地进行自我突破。当第一次出现失控的时候就像是纵身跳入一个大峡谷，以为自己无路可去，马上就要粉身碎骨，但当事情过去之后，你会发现自己受到的影响并没有想象中的那么大。所以我们要学会接纳生活中的偶尔失控，练习适应任何复杂情况的能力。

安全感和信任感的重建并非这么简单。你可以尝试通过一段安全的关系来重建这部分能力。重要的是要敢于面对自己内心深处最害怕的部分。

第六章
关系好了，一切都好了

得到理解和回应，坏情绪就会烟消云散

堵住的情绪让人抑郁和焦虑

不知道在生活中，你有没有这样的情况，感觉最近状态不好，情绪低落，很多话堵在胸口，想找个人倾诉。但跟自己的另一半说，对方好像根本不理解你的难处，如同鸡同鸭讲。你说了一大堆，得不到有效的回应，反而心里更难受了，而且还会对自己的另一半心生不满。其实在生活中，很少有人能真的理解你，更多的时候你想和对方倾诉，可对方也有一堆烦心事，渴望能从你这里获得一些安慰。更让人无法接受的是，一些所谓的朋友表面上温言相慰，但他们的脸上却藏不住内心的幸灾乐祸。你的倾诉反而白白给别人留下笑柄。

就算有愿意听你倾诉的人，愿意与你共情的人，出于一种成年人的礼貌，你又会担心自己整天向人倾诉负能量，他人会不会厌烦你。所以你就会越来越少跟别人倾诉心事，时常是自己把不好的情绪消化掉。

即便是个成年人，你也有被照顾的需要

我是一个很渴望被人照顾的人。很多人可能不信，毕竟我是一个心理学方面的专业人士。但这样的身份并不妨碍我渴望被别人照顾。要知道，喜欢和渴望被人照顾，并不是一件可耻的事情。

尤其是当我们压力很大的时候，更想和别人说说自己的苦恼、不容易与委屈。如果真有这样一位愿意倾听的人，那将会是一件多么美好的事情。仅仅是倾听和陪伴、共情和理解，就可以给人以强大的力量。因为它像一个容器，会从你身上吸走快要溢出的负面情绪，让你的痛苦与不堪得到极大的缓解。这是关系的力量，也是一种包容的力量。

但是在现实生活中，我们往往缺乏这样高质量的关系。有朋友跟我讲，他从不把自己的糟糕情绪展露给别人，因为往往宣泄出去的负面情绪只会原样反弹到自己的身上，甚至还加强了。我完全能理解这种感觉，因为我的亲人中也存在这样的人。这种人表面上虽然与你和睦相处，实际上却缺乏心理上与你共情的能力，甚至还会说你小题大做，过于敏感。可能这也是我渴望被别人照顾的原因吧。

我们的倾诉往往并不是想寻找解决问题的办法，而是寻求心灵上的慰藉。很多人建立关系的时候，太过关注一些外在的东西，而忽视了他人的一些情感需求。有时候，我们需要的只是能从对方那里得到温暖，得到慰藉。若是生活中存在这样的关系，其实也算是一笔无形的财富。能够进行深度联结的关系，是在这个世界上抵抗风雨的最好庇护所。想到背后有人支撑，我们心里就不会慌张，就会有力量。

很多焦虑是没有意识到心灵的依赖需求

我见过太多人活在过度的焦虑里，想急切地寻找一个答案，以至于根本没有精力来好好观察一下自己身上究竟发生了什么。其实他们之所以显得没有精力，是因为他们太依赖自己的头脑了。当头脑陷入到混沌之中的时候，整个人就焦虑了。

或许他们需要一份肯定的答案，但是他们的头脑没有意识到自己真正想要什么。其实这种感觉与外在无关，更多的是一种内在的缺失。有的人身边存在可以依赖的人，但是他们却视而不见，他们意识不到并不是所有事情都需要自己一个人扛，有时候也可以和别人分享。

当事情失控的时候，或许人们才意识到自己有依赖的需求。毕竟不是所有事情都是一个人可以解决的。当你与别人建立联系的时候，你就不用像破釜沉舟的战士一样，独自一个人去对抗整个世界。

对于很多人来说，依赖别人是一件很难的事。因为依赖他人会展现出自己脆弱的一面，可能会让人为自己表现出来的无能和弱小产生深深的羞耻感，甚至可能很容易受伤。如此，他们便深埋自己的依赖需求，通过其他的方式转移自己的注意力，比如一直强迫自己不停地去做某些事情。有的人甚至觉得只有强者才有依赖的资格，而弱小的他们会被别人所嫌弃，这实际上是一种对于依赖的误解。与之相反，过度的依赖又会让人觉得就像是别人的跟屁虫，想要 24 小时与别人粘在一起。不过比起不敢依赖的人，能够认识到自己的依赖需求，也算是一种进步了。

你以为寻找的是答案，其实寻找的是良好的关系

很多人向我倾诉苦恼时，总是在苦苦地索要答案。他们以为所有苦恼都会有个相应的解决方案，也就是从我这得到答案，只要得到答案，问题就解决了。但其实不是这样的，往往得到一个答案后，还会有其他问题跳出来。事实上，一些受困于情感问题的朋友，想要的明显不是一个答案，而是一份有质量的关系。在

这个关系里，他们可以获得理解、支持，可以放心地哭，可以把日常生活中难以启齿的话说出来，可以把内心的问题毫无保留地展示给别人，可以把压在心底很多年的秘密吐露出来。

这些话、问题、秘密，以及过往羞耻的经历像是重重障碍，成为与他人、与世界之间的隔阂。而往往这些人活在世上就好似是无形监狱里孤独的囚徒。人与人之间的不理解与不信任，更是给这些囚徒判了无期徒刑。

有时候，并不是那些与你亲密的人帮助了你，而是倾诉、陪伴、共情和认可帮助了你，让你放下内心沉重的负担，去相信这个世界上有人爱你、相信你，愿意做你的后盾。

好的依恋关系，能解决你灵魂的不安

真正的疗愈在关系中完成

我年轻的时候写诗，了解过很多文学经典作品。葡萄牙诗人费尔南多·佩索阿有一本诗集名叫《不安之书》，又名《惶然录》。光看这个书名就有一种阴郁又惶惶不可终日的感觉。这种感觉被作者用天才般的笔法描述出来，细腻准确，使这本书成为传颂经典。

文学界常常存在具有这种气质的作家，比如卡夫卡、芥川龙之介等等。这些作家的文学作品往往反映出的都是同一种心境——不安而彷徨。英国文学评论家、诗人托马斯·艾略特指出，现代人是一种空心人状态，整天被无聊、空虚、焦虑填满。而作家又是经常存在心灵困扰的一群人。一个天生的作家，是他的心灵在推动他写作。不是他要写作，而是写作选择了他。

很多年后，我通过自己的学习知道了一件事情——写作对于人内心的创伤有一种很强的疗愈作用。我恍然大悟，原来很多作家之所以要不停地写，是因为他在做自我治疗。这是一种潜意识的本能。当然并不是所有的作家都这样，但不可否认，确实存在一些颇具才华的作家，他们的写作动力来自成长当中所受的创伤。而写作，就是在一遍遍地疗愈这些伤口。但是，海明威的例子告诉我们，对于某些作家而言，除了留下一些不朽的作品以外，创作本身好像对于作家的人生轨迹与心灵成长并没有起到太多的帮助。

不安是因为内心缺少可依赖的关系

生活中，有很多总是不安的人，我们把他们这种情绪命名为焦虑。我认识一个姑娘，她总是没办法放松自己紧绷的神经。在工作中、生活中，总是觉得有事情要发生，或者有事情没有安排好，莫名担心，甚至无法安心休息。

现实当中有很多这样的人。生活对于他们来说似乎就是一间四处漏风的危楼，危机四伏，需要时刻小心，保持警醒。为此他们把自己弄得精疲力竭。

这种感觉从心理学上进行解读，至少可以解读出两点：第一，这类人没有守护者，所以他们的内心动荡不安，缺乏安全感；第二，他们缺乏信任感，需要警觉地关注外界的变化，时时刻刻提防危险。心理上的安全和信任需要良好的依恋关系才能建立。很明显，这些总是焦虑不安的人，毫无疑问都缺少可以依恋的关系。

依恋关系是建立在人与人交往的基础上的。当我们不是独自面对生活与工作的时候，就会有一种踏实的感觉。没有建立起依恋关系的人，最经常发生的事情就是只相信自己的头脑。他们会通过头脑不停地思考、判断来加强自己的安全感并抵御风险。一旦陷入困境，他们就会忧心忡忡，呈现出焦虑不安的状态。

不安的人需要良好的关系，但是他们在内心深处并没有建立依恋的关系，而且他们往往有一个错误的认知："只有我完美了，才有资格建立关系。只有我变得足够优秀，别人才会喜欢、接纳我。如果我不完美、不优秀，就没有人会喜欢、接纳我。"如此，他们就会进一步把自己封闭在自己狭小的世界里。

对人性的信任，依赖于依恋的完成

我认识一个时常焦虑不安的朋友。他虽然有很多亲密的朋友，但是在内心深处，似乎不信任任何人，也不依赖任何人。没有任何一个人可以进入他的内心。他的内心一片荒芜。其实有很多人也是这样的，他们看上去非常懂事，也非常努力，但这些都无法掩藏他们内心的空虚与不安。

这种问题的根源在于，他们根本就不信任别人。他们不是故意不信任别人，而是他们早就忘记了怎样去信任一个人。他们像被困在了一个监牢里，听不见外界在说什么。所有人的话都无法进入到他们的内心。人建立信任非常难，尤其是经历过一些失望和伤害后，内心就会建起高墙。但是本质上人又渴望可以全心全意地去信任一个人。所以一定要拆掉内心的高墙，从自己的世界里走出来，去接纳别人，接纳世界。

分清精神世界与现实世界

很多文学作品中都会有关于各种心境的描写。当我们的心境与著作中的心境相同时，就容易找到情感上的共鸣。文学确实有心灵治疗的作用。但有时过于沉浸在文学世界里，就会偏离现实世界，从而引发诸多问题。现实世界和大自然一样兼容并包，而书本中的世界只是对现实世界的一个局部反映。当我们拿着纸上所构建的世界去认识现实世界时，可能会步入歧途。

我们要让自己走出来，让别人走进去。精神医学大师欧文·亚隆说过："母亲在很大程度上，决定了一个人生命的底色和意义。但是这个底色和意义是可以弥补和改善的。"如果总是焦虑不安，你应该尝试去和别人建立温暖、可依赖的关系。

保护自己最好的方式，是向世界打开自己

总是用伪装的一面跟别人打交道

现实中有很多这样的人，他们很不喜欢和别人打交道，觉得打交道会很痛苦，因为他们在人际交往中总是不能做真实的自己，无法以真实的一面跟别人沟通。他们总是会小心翼翼地伪装自己。有的人可能看起来心平气和、大大咧咧的，但其实内心比较细腻，对很多事情都很在意，但是他们从来不会把这种真实的想法和性格显露出来。时间长了，难免觉得痛苦。有的人在关系中从来不会表达自己的需求，看起来无欲无求，似乎没有什么烦恼，但是他们的内心却是烦闷不已，觉得自己与所有人都很疏远。他们感受不到自己在这个社会中的重要性与存在感，甚至怀疑自己活着的意义。

这些人表面看上去很随和，能够融入人群，但是只有他们自己清楚内心是多么孤独。他们是一群表面上和别人关系紧密，内

心却毫无关系的人。

为什么要用伪装的一面跟人打交道

没有人喜欢用伪装的一面跟别人打交道。婴儿对于自己的需求和情绪都是直来直去的，丝毫不掩饰自己的想法。但是在成长的过程中，因为环境等因素的影响，就会失去对于外界的一些信任，变得压抑，开始伪装自我。

一、伪装是因为害怕受伤

我认识一个人，他就很难表达自己的需求。在人际交往中，他总是隐藏自己的想法和真实感受，选择顺应别人。他总是让自己看起来很好、很乖、很善解人意，从不惹麻烦。久而久之，现实与心理的落差让他感到抑郁。

小时候他父母工作很忙，没有精力照顾他，总是让他寄住在不同的亲戚家里，甚至很小就去学校寄宿。因为寄人篱下，他很早就学会了察言观色。他不知道自己的价值，唯一能做的就是尽量不让亲戚讨厌自己。所以他根本无法理直气壮地表达自己的真实想法。当他的父母来看望他的时候，不是先询问他的想法，而是先询问亲戚自己的孩子是否给他们添麻烦了，他感受不到家人的关心。

久而久之，他就变成了一个非常懂事且沉默寡言的小孩。长大之后，他习惯了压抑自己的需求。他很怕别人讨厌他，嫌他麻烦。

很多人之所以伪装自己去跟别人建立关系，就是因为他们曾经受过伤。伪装是他们适应环境的方式。在变动的、不安的环境中，他们渐渐封闭了自己的内心世界，为的是让自己获得安全感，让自己更好地面对其他人。

二、不信任别人

很多人跟别人打交道时伪装自己，也可能是因为内心深处对别人不信任。他们觉得每个人都是自私的、利己的、有一定目的的，所以并不真诚。大家都是靠伪装自己来达到一定的目的。但是如果我们从内心深处就觉得外界不可信任，他人不可信任，我们就不会建立可以信任的关系，也很难打开自己真实的内心。

三、不信任自己

因为小时候没有被好好对待，所以很多人都没有正确的自我价值感。他们觉得自己不值得被爱，没有人会接纳真实的自己，没有人会喜欢真实的自己，只有用伪装的方式去跟人打交道，别人才会喜欢和接纳自己。"我不够好""我不值得"，是对自己错误的认识，我们要学会信任自己、喜欢自己、接纳自己，慢慢打开自己的内心。

伪装带来的结果

一、坚持原本扭曲的观念

当一个人封闭自己内心的时候，也一同认定了自己的某些错误观念。比如，"世界不可靠，我不值得被爱，没有人会接纳真实的我，没有人会喜欢真实的我"。这些消极的、错误的观念一直没有机会在现实中得到纠正，导致他根本不信任自己，那这样又如何去信任别人呢？如果不信任对方，那又如何构建有质量的关系呢？

二、形成恶性循环

你通过伪装来跟别人打交道，别人也不会真诚地来对待你，这样你就很难感受到世界真实的样子。它带来的结果就是，你对这个世界真正的运行规则并不了解，只是活在自己对这个世界的偏见里，误以为大家都是这样打交道的，形成恶性循环。这样虽然不会严重影响你的生活与工作，但长此以往，你会忘记真实的自己，会渐渐分不清哪个是伪装的自己，哪个是真诚的自己。

三、把伪装继续传递给后代

当有了孩子后，你会潜移默化地把这种对待世界的态度传递给自己的孩子，同时也把自己认知世界的图式①传递给孩子。当你的孩子长大后，很有可能因为受到你的影响而无法与他人建立真正高质量且互相信任的关系。这种影响是很深远的。

四、保护自己最好的方式，就是向这个世界打开自己的内心

1. 修正封闭的、有敌意的想象

封闭自己内心的结果就是封闭了自己对外界的认知，把自己持续地封闭在那些扭曲的、想象的世界里。这听起来既痛苦又可怕。人在想象的世界里越陷越深，就会逐渐丧失对现实的认知。错误的观念因为没有机会被现实纠正，就会一直留存在脑海里。而消极、悲观以及恐惧等情绪，就会一直折磨着自己。

封闭的世界没有疗愈性，但开放的现实世界有。与外界恢复关系后，我们就不会感到那么累了。我们是在与世界的互动中获得智慧的，心智是在跟世界和人的互动中逐渐成长发展的。过于封闭自己的内心会阻碍智慧的获取，阻碍心智的成长，从而对很多事和人出现判断失误，这真的不是一种好的保护自己的方式。

---

① 图式（schema）：有多种释义，作者在这里指父母脑海中已有的知识经验的网络。

人生的一大乐趣，就是在跟现实的互动中不断地更新自己的认知和看法。这会让我们蓬勃生长，也会让我们充满活力。

2. 保护自己的方式不是防御伤害，而是找到应对它的方式

人之所以会封闭自己的内心，是因为在早前的经历中，没有受到友善的对待，更没有学会保护自己。封闭内心是本能地保护自己，但这不是一种正常的防御方式。使用这种方式保护自己，意味着成长会停滞。我们要敢于面对自己的问题，敢于承受风雨的洗礼，并在成长中变得更加独立和勇敢。

想想你曾受到的伤害，试着去正视它，我们要学会保护自己内心脆弱的部分。当我们还是孩子的时候，没有得到想要的保护，现在我们已经长大成人，可以保护自己。我们要直面恐惧，找到更好应对恐惧的方式。

3. 找到安全的关系作为后备

在良好的母婴关系中，当孩子去探索世界时，身后总有一个妈妈在关注、鼓励和保护他。这个妈妈如同孩子的安全岛，是孩子探索世界的大后方。

有了这个安全岛，孩子就可以充满自信地去探索了，安全岛给孩子提供了一定的安全感。如果孩子受挫了，疲惫了，那他可以及时退回到安全岛上，给自己充电，向妈妈哭诉，接受妈妈的

抚慰，与妈妈一起商讨如何解决遇到的难题。如此，获得安全感的孩子，便又可以在成长的道路上继续上路。所以，你也可以试着去寻找一个属于你的安全岛，这个安全岛可以是你的好友、伴侣或亲人。

千万别把善待自己当成自私

我有一个朋友，他一直不喜欢他妈妈做的饭，他曾试着给他的妈妈提过一些建议，但情况并没有改善，而且他的妈妈还觉得他太挑食，不是一个好习惯。我的这位朋友对此非常郁闷。可他又觉得自己偷偷出去吃独食以满足口腹之欲，有些自私。后来，他和他的妈妈发生了几次争执，他就索性外出吃独食了。

出去吃过几次后他发现，这种外出吃独食的"自私"行为让他的生活变得很轻松。从此，他学会了在不伤害别人的情况下，最大限度地满足自己、照顾自己，也就不再抱怨别人为什么看不到自己的需求，不肯满足自己了。

在共生关系中，双方总打着为对方好、爱对方的旗号制造矛盾、纠纷。但是这样做不但不会得到爱，而且也没有人会被满足。因为双方都在等着对方来满足自己，而且会理直气壮地看不惯对方只顾自己的行为，觉得这样太"自私"了。

可自爱需要这种"自私"。而且，这是我们每个人都需要做的事情。但是对于很多人来说，他们的自爱能力很弱，他们从小被要求满足父母，按照父母的意愿来，完全没有条件表达自己的感受。因此他们很少去考虑自己的感受、自己的需求。

"自私"是基于个人需求做出的行为和反应。我们不应该把自己困在内疚的牢笼里，一直用畸形的信条来鞭挞自己。我们的大脑在解读内心时需要认识到真实的自己，细腻地感受和理解自己，然后每天做一些偏爱自己、让自己感觉舒服的事，学会取悦自己。

无论怎样，首先你应该接纳现在的自己，每天做一些令自己舒适、愉悦和快乐的事情。每天都给自己一些"私心"的时刻来滋养自己。每一个人都应该享受自己的生活，这样才能爱上这个世界。我们常常希望与我们亲近的人能够关爱我们，把我们放在第一位，对我们有一些偏爱，但其实我们更应该偏爱自己。

偏爱自己，是对自己的一种照顾。人能照顾好自己是一种能力。越是照顾不好自己的人，越是需要获得别人的照顾和爱。但是一般情况下，这种人又不好意思开口，于是就会通过生硬的手段来索取。比如想得到某种东西的时候，如果别人不愿意满足他们，他们就会陷入和别人的争吵中。吵来吵去的目的其实就是为了满足自己的一点需求。其实，有欲望不可怕，可怕的是不敢正视自己的需求。

有需求并不是什么可耻的事情。我们可能有的时候想偷懒；可能有的时候会挑食；可能有的时候偏爱对自己身体不好的垃圾食品……你有喜欢的东西和想做的事，这是很正常的，不必为此而自责，或者觉得自己犯了什么错误。

有需求是人类的本能。有的人小时候表达需求时，可能会招致父母的斥责和教训。可能在这种环境下长大的孩子，会慢慢开始忽视自己的需求，或者不允许自己有需求。

实际上，当孩子表达诉求的时候，父母不应该批评孩子，而应该给他解释为什么可以同意他的诉求，或者为什么不能同意他的诉求。我们需要阐明道理，而不是直接驳回，这样才能给孩子的心理发展引导出一条正确的路。然而一些父母认为自己那种斥责行为是正确的管教且是认真负责的表现。其实不然，他们的行为会影响孩子的一生。

一个人只有看到并接纳了自己真实的需求、欲望、缺点，才能接纳别人和这个世界。通向世界的路不在于如何改造别人使其符合自己的想法，而在于扔掉各种包袱，诚实地面对自己，面对自己的内心，学会取悦自己。

想和这个世界好好相处，先学会聆听内心的声音

写作是由感受推动的

因为我爱写文章，总有人向我请教关于写作的事情，比如写作的技巧、方法等。在解答这些提问的过程中，我总觉得写作的技巧和方法在写作中所起到的作用没有想象中的那么大。相反，在长期写作过程中我发现，有一个因素对写作影响很大，那就是——感受。

我坚持写文章已经三年了，三年来我发现自己写文章总是拖延。我常常坐在电脑前对自己写出的一些干巴巴的句子愣神，一方面是对自己写的东西不满意，一方面是不知道如何继续。

我常常会陷入一种糟糕的状态——没有灵感。没有灵感是一种通俗的说法，是说这个人没有进入一种饱满的情感状态，没有一种情感动力推动他去写作。尽管他已经拟好了提纲，或者他已

经有了一个非常好的主题，拥有充足的时间，但是没用，只要没有饱满的情感，还是很难打开灵感的源泉。你不得不承认，你得先让你的情感活跃起来，让身体和大脑感受到情绪的起伏，让这些感受去讲述，你才能真正进入写作状态中。

如果感受不到位，你明明有想创作的内容，但是你很难描述出来。这种感觉就像是在黑暗中探索，哪怕你知道即将面对的是什么东西，但这并不足以令你感受深刻，你只有真正触碰到它，才算有全面的认识。你要感受到内心所追寻的东西，而不仅仅是局限于理性和计划。

古人说"文章本天成，妙手偶得之"。我认为好的作品就是在这种状态下完成的，而且这样写出来的文章具有独特性。在此时此刻，面对此情此景，捕捉到空气中洋溢的情绪，用笔把它们记录下来，这样的作品才会引发别人的共鸣。

所以说感受对写作至关重要。

只有真情实感才能成为我们的写作源泉。感受、情感比我们想象的重要得多，也厉害得多。

假如你的生命也是一篇文章，你要尽可能倾听你内心的感受，它可能会把你带到意想不到的地方，完全突破你的规划和设置，给你带来无限惊喜和意外。如果你过于理性地规划和控制它，它可能就会像一篇干巴巴的文章，失去天然的生命力。

人生，也是由感受推动的

曾经有一段时间，我经常无故流泪，夜不能寐，常常凌晨四点对着月光发呆。别人关切地问我怎么了，我并不知道如何回答，也讲不出所以然来，因为我内心并不知道发生了什么。我只是会止不住地流泪，同时思维陷入停滞。在这种抑郁的状态下，我离自己的心很远。我做出了很多选择，但是我不知道那是不是我想要的。我认为一切似乎合理，但是我的身体告诉我，不是那么回事儿。

那个时候我还没有那么重视自己的感受，因为不重视自己的感受，所以我做出了很多看似安全和功利的决定，结果就导致我丧失了对生活的兴趣与动力。

有的心理学家会用"空心人"来形容这样的状态，是的，空心，似乎你已经感受不到自己，触摸不到自己。那种感觉是相当难受的，就像你的灵魂被锁在了一个说不清、道不明的玻璃瓶里。

我身边有很多这样的人。他们的生活很富足，外表看起来光鲜亮丽，工作上雷厉风行，但只要一停止工作、停止忙碌，他们就会觉得自己的生活很空白，精神世界很空虚，自己也没有什么需求，甚至会很不适应休息的日子，觉得没什么事情可做，一切都很无聊。他们感受不到生活中那些具体的、实际的小事物所带来的美好。

傍晚的余晖、冬日的暖阳、浓郁的咖啡、清晨街头早点铺卖的热腾腾的豆浆和牛奶，让我们感受到幸福的，是这些生活中小而美好的细节，而非抽象的标签和成功。我们的内心是有活力的，它推动着我们去生活，去感受生活的美好和幸福，然后去奋斗。

每个人向往的生活可能并不适合其他人，也很难被其他人理解，但它是我们内心渴望的生活。那是属于自己独一无二的生命轨迹。你不能活给别人看，或者为了别人而活。每个人都要对自己的生活负责。

压抑忽视自己的感受，是空心病的重要根源

照顾自己的感受，尊重自己的感受，勇敢去追求自己想要的生活，敢于做一个与众不同的人，才应该是我们追求的目标。我们总是一刻不停地问自己应该怎么样，我和别人比起来如何，我还有多少目标没有完成。小时候，我们没有被父母给予足够的空间去做自己，而是被当成一个机器去完成各种目标。长大后，我们又给自己制定一个个目标，继承作为一个机器的使命，然后又

把这种教育传递给我们的孩子。

我们限制了生命的更多可能性，就像用一个鸟笼来保护小鸟。小鸟被困在鸟笼里，尽管可能不用面对天敌的威胁和饥饿的考验，但是它失去了自由，长此以往，就会变得毫无活力，变成一只精神死亡的小鸟。

尊重自己的感受、照顾自己的感受要付出勇气，但是不尊重自己的感受、不照顾自己的感受会使自己渐渐丧失感知世界的能力。人之所以为人，就在于我们一直在追求生活的意义与精神的富足。我们要酣畅淋漓地活出自己。

与真实的世界互动并感受自己的力量

不与真实的世界互动，你就永远不会感受到自己的力量。你只有在披荆斩棘中学会如何保护自己，才可能发出自己的声音，并且感受到自己的力量。

我的一个朋友跟我说，他最近学会了砍价。或许对于其他人来说，砍价只是生活中很小的一件事，但对于他来说却很难。之前的他买东西，标价多少他就会付多少，对于砍价这件事他很抗拒并有些惧怕，怕表达自己的想法和需求，也怕被别人拒绝。而现在，他可以坚持表达自己的想法和需求。虽然仅仅是砍价这一件小事，他却从这件小事中感受到从未有过的满足与不曾察觉到的力量。

原来世界并不像自己想的那样可怕、充满敌意，原来我可以改变别人，我也可以积极去争取自己想要的。这是一种全新的体验。自从那个朋友开始尝试表达真实的自己，表达自己的想法与意愿后，他发现他与身边人的关系慢慢地在发生变化，人们变得开始重视他、照顾他，最重要的是他的人际关系不再那么僵硬和冷漠。他不再是曾经那个蜷缩的人，而是变成了一个可以自由伸展的人。

由此可见，保护自己最好的方式，是向这个世界打开自己。